前端性能揭秘

佘锦鑫（当轩）著

电子工业出版社
Publishing House of Electronics Industry
北京·BEIJING

内 容 简 介

本书主要介绍用于指导前端性能优化工作的通用优化方法，从网络、浏览器、构建工具、跨端技术和 CDN 等方面介绍不同技术、系统对性能的影响，同时帮助读者了解如何有效优化性能。本书从性能的度量、分析和实验这三个方面开始介绍。首先介绍性能优化的一些通用方法，然后将性能作为一个切面帮助读者了解与前端技术栈和性能有关的知识。从这个切面观察，这些系统的工作原理等知识被赋予了另外一层意义，通过这种联系把工作原理真正运用到工作中，在性能优化方面发挥重要作用。

本书面向的读者为具有一定经验的 Web 开发工程师，以及对前端开发或 Web 开发有一定了解的开发人员。同时，假定读者能够进行简单的网页开发，并且具备相关的基础知识。

未经许可，不得以任何方式复制或抄袭本书之部分或全部内容。
版权所有，侵权必究。

图书在版编目（CIP）数据

前端性能揭秘 / 佘锦鑫著. —北京：电子工业出版社，2022.10
ISBN 978-7-121-44240-7

Ⅰ. ①前… Ⅱ. ①佘… Ⅲ. ①网页制作工具 Ⅳ. ①TP393.092.2

中国版本图书馆 CIP 数据核字（2022）第 160140 号

责任编辑：张春雨　　特约编辑：田学清
印　　刷：三河市兴达印务有限公司
装　　订：三河市兴达印务有限公司
出版发行：电子工业出版社
　　　　　北京市海淀区万寿路 173 信箱　　邮编：100036
开　　本：787×980　1/16　　印张：19.5　　字数：414 千字
版　　次：2022 年 10 月第 1 版
印　　次：2022 年 10 月第 2 次印刷
定　　价：100.00 元

凡所购买电子工业出版社图书有缺损问题，请向购买书店调换。若书店售缺，请与本社发行部联系，联系及邮购电话：（010）88254888，88258888。
质量投诉请发邮件至 zlts@phei.com.cn，盗版侵权举报请发邮件至 dbqq@phei.com.cn。
本书咨询联系方式：（010）51260888-819，faq@phei.com.cn。

献词

献给爱妻云,感谢她帮忙写下这句话。

推荐序

对于工程师来说,性能永远是绕不开的话题。目前硬件和网络都在飞速发展,然而新的软件和交互形式在发挥想象力的同时也在最大化地发挥硬件和网络的潜力,从长远来看性能仍然是工程师关心的话题。

对于用户来说,性能同样是用户体验的核心与基础,大部分用户可能并不理解性能这个概念,但他们永远想要启动更快、响应更迅速的软件。

相比其他工程师,前端工程师是直接和用户打交道的一群人,直接对用户机器上运行的软件体验负责。当讨论后端性能时,在大部分情况下讨论的是吞吐量、并发数和响应时间等,关心的是软件运行在服务器上的性能表现。当讨论前端性能时,在更多情况下讨论的是用户感受到的白屏时间、延迟和卡顿等。这种差异使前端性能和用户体验的关联更加密切,也赋予了前端工程师独特的使命。

想要解决性能问题,开发人员需要分析现状、提出设想、进行验证,而这些都需要开发人员对相关系统的知识有足够的了解。本书从两个方面介绍了性能领域,前面介绍了"度量、分析、实验"的方法论,后面则以性能为切面介绍了前端生态与性能有关的方方面面。

读者在阅读本书时可以按照自己的需要决定阅读顺序,但至少先完整地阅读方法论部分。相比具体的知识点,方法论能为真正的性能优化工作提供通用化的思路,性能优化作为一个系统化的工程需要行之有效的思路,而不仅仅是照搬点状的知识点。

而以性能为切面也可以为读者看待前端生态提供一个不一样的视角,很多基础知识看起来和日常工作似乎没有太多的联系,但从性能的视角可以看到这些协议、工具、方案背后的思考和对实际应用的切实影响。性能并非孤立的技术领域，而是和系统中的每个环节都息息相关，为读者更深入地理解系统提供了视角。

　　写前端性能优化对作者有很高的要求，要有深度实践的经验并形成一定的方法论。当轩是资深开源开发人员，曾在第十五届 D2 前端技术论坛担任讲师。希望本书能够给广大读者带来醍醐灌顶式的帮助。

——Node.js 布道者，《狼书》作者，桑世龙（花名狼叔）

前言

性能对于开发人员来说是一个经久不衰的话题，也是用户体验的重要因素。当打开一个页面或 App 时，无论你是在寻找商品、阅读高质量的新闻，还是在看有趣的短视频，都不愿意等待。

很多人可能有耐心花费一两个小时在一家火锅店门口排队，但几乎没有人愿意等 30s 去加载一个短视频。事实上，对于大多数的 App 或网站来说，别说是 30s，即使是 3s 也足以让大量用户放弃等待转而去做其他的事情。

Google 发现，如果页面加载时间超过 3s，53%的移动网站访问活动将难以为继。

安迪-比尔定律

有人可能会问，如今计算机和手机的性能都在飞速发展，性能优化还重要吗？5G 时代已经来临，无处不在的高速网络是否已经让我们不需要再那么在意性能问题？

其实，在 Web 领域，安迪-比尔定律仍然成立。

安迪-比尔定律源于"Andy gives, Bill takes away."。Andy 指的是 Intel 原 CEO 安迪·格鲁夫，Bill 则是 Microsoft 原 CEO 比尔·盖茨。这句话的意思是，Intel 一旦向市场推广了一种新型芯片，Microsoft 就会及时升级自己的软件产品，以匹配新型芯片的高性能。硬件提高的性能，很快就被软件消耗掉了。

对于 Web 领域来说，网络和终端设备的性能确实在飞速发展。然而，几十年来 Web 技术也变得越来越复杂，在网络上传输的不再是一个简单的页面。Web 技术本身也在不停地更新换代，传输页面的体积、执行脚本的复杂度等都在不断增加。

让我们回到万维网（World Wide Web）诞生的 20 世纪 90 年代，第一个网页浏览器 WorldWideWeb 仅支持 HTML 格式的图片、文字和超链接（见图 0-1）。

经过几十年的发展，在网络上传输的内容越来越丰富，使用浏览器打开的不再是一个仅包含图片、文字和超链接的页面，而是高清流媒体、实时网络直播，甚至是直接在浏览器中运行的专业协同应用。

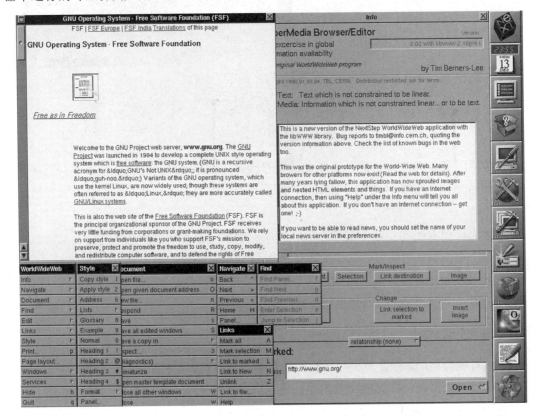

图 0-1　第一个浏览器 WorldWideWeb

可以预见的是，这种复杂度会日益增加，越来越多原来只能在桌面平台上运行的大型软件也出现在了 Web 平台上，以借助 Web 平台易于传播、跨平台等特性，充分发挥协作互通的优势。例如，如图 0-2 所示的设计协同工具 Figma，就可以完全运行在浏览器中，而以往这种专业的设计工具只能作为桌面软件使用。

如图 0-3 所示，从 2011 年到 2020 年，桌面端和移动端的页面传输字节数（加载完成一个页面需要传输的数据量）逐年上涨，分别约增加了 329% 和 1178%。

同时，随着网络基础建设的不断更新换代，更多原来受限于基础设施无法广泛满足的需求大量涌现。例如，近几年短视频的兴起，很大程度上就是因为大多数用户的网络能够在可以接受的时间内加载完视频。用户随时看新鲜且有趣视频的需求一直存在，只是之前的硬件条件难以满足用户的需求。

图 0-2　运行在浏览器中的设计协同工具 Figma

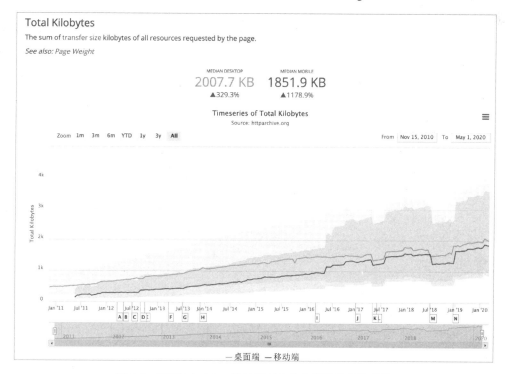

图 0-3　HTTP Archive 关于页面传输字节数的变化趋势

这就是安迪-比尔定律在 Web 领域没有失效的原因。可以想象，随着未来网络状况的进一步改善，又会有新的媒体和应用形式消耗提升的网络传输能力。它既可能是基于 AR、VR 的视频会议、协作办公，也可能是更加复杂、支持更多人参与协作的办公协同工具。尽管提供硬件和软件的可能不再是 Intel 和 Microsoft，但只要人们对于新功能和体验的追求一直存在，性能优化就是经久不衰的话题。

性能优化的魅力

上面从现实的角度出发解释了性能优化的重要性，可见重视性能优化是有客观基础的。其实，性能优化本身就具备无可比拟的魅力。

很多人都听过斯坦门茨画一条线 1 万美元的故事，有些人说这个故事反映了知识就是财富，有些人说这个故事反映了细节决定成败。故事的真实性已经无法考证，但是笔者非常喜欢这个故事。

故事是下面这样的。美国福特公司曾经有一台电机出现故障，导致整个车间都不能运转。福特公司请来很多专家检查，就是找不到问题在哪里。于是请来斯坦门茨，斯坦门茨在电机旁聚精会神地听了 3 天，又要了梯子，爬上爬下忙了很久。最后他在电机的一个部位用粉笔画了一条线，写下了"这里的线圈多绕了 16 圈"。福特公司按图索骥解决了故障。

在平均月薪为 5 美元的当时，斯坦门茨索要了 1 万美元的酬劳：画一条线，1 美元；知道在哪儿画线，9999 美元。

如果说工程师最大的快乐来自创造，那么笔者认为第二大的快乐来自对精密系统的理解。从中不仅可以领略前人解决问题的设计方案所蕴含的智慧，还能享受抽丝剥茧最终精准找到问题的成就感。

性能优化就是一个典型场景，我们要做的是理解复杂系统并从中找到性能问题的关键所在。有时我们甚至能根据问题的表现和对系统的理解，在没有直接发现具体问题时就推测出出现问题的真正原因。例如，海王星先通过数学推算被发现再被人们实际观测到的过程就充满了预言的魔力。

海王星的发现史如下。

- 1821 年天王星（不是海王星）的轨道表发布，但是观测表明轨道存在偏差，于是有人猜测其受到附近一个巨大天体的扰动。
- 1846 年，通过数学方法推导出了海王星的轨道，之后开始搜寻，并于当年 9 月 23 日发现海王星。

性能优化 = 分析方法 + 技术原理

自工作以来,笔者有幸接触过不同场景的性能优化,包括面向计算机的和面向手机的、纯 Web 技术的和 Weex/React Native 等技术的,以及国内的和海外的。

每次接触到一个新场景,笔者都发现上一个场景的经验很难直接发挥作用,了解性能优化的读者大多听说过"雅虎三十五条优化军规",里面总结了性能优化需要遵循的一些规则,如合并请求等。在大多数情况下,直接套用这些规则并不会为页面带来非常明显的性能收益。

但是,其背后的分析思路总是相似的,能够用来找到一套行之有效的方法帮助我们一步步接近性能目标。相比于记住正确但未必有效的具体规则,掌握这些通用的方法能让我们在复杂的生产环境中找到正确的道路。

因此,本书把"度量"、"分析"和"实验"部分放在开头部分,把方法放在具体的技术细节之前,用案例和思考相结合的方式建立面对性能问题时的解决思路,有了方法的指导,我们在遇到具体问题的时候才能进行具体分析。

如果说分析方法是解决性能问题的指南针,那么对技术原理和系统的理解就是照明灯,只有方向但看不到脚下的路是无法前行的。优化一个系统的性能也一样,即使分析出这个系统在某个阶段的性能存在问题,如果不理解系统背后的运行原理,就好像知道方向却看不见路,只能摸黑前进。

笔者在性能优化和整理相关思路的过程中常常遇到很多有趣的知识,所以在介绍如何做性能优化的同时,也以性能为引子来介绍网络、浏览器、前端技术栈等的技术原理。其中的很多原理读者可能从其他地方了解过,但是带着对性能的疑问阅读本书,可以帮助读者了解更多前人为了更好的体验和性能在这些复杂系统中付出的心血。

关于本书

比较幸运的是,自工作以来笔者在不同的场景一直面临各种性能挑战。刚开始只是打地鼠式地逐个解决问题,在凭着猜测和主观感受进行简单的优化后就认为已经解决了性能问题。随着面临的挑战越来越多,笔者不得不思考如何科学地衡量当前的性能状况、如何科学地分析性能存在的问题和优化方向,以及如何科学地验证优化的效果。

在优化过程中,性能作为一个引子贯穿整个与 Web 开发相关的各种系统及这些系统的原理,笔者认为这些平时看起来并没有直接作用的理论知识其实可以切实帮助我们改善用户体验,并且改善的效果直接反映为数字指标。

笔者撰写本书一方面是对过去几年的工作进行总结，另一方面也希望能给想要提高用户端性能、改善用户体验但是不知道应该从哪里开始的读者一些启发。对于想在 Web 技术上更进一步的读者来说，性能也是一个非常有趣的话题和线索。

性能是一个涉及甚广且技术细节较多的话题，笔者在写作过程中尽可能搜集相关标准、资料来验证书中的细节。由于笔者的经验和视野有限，加上部分技术细节存在时效性问题，因此书中难免存在局限和疏漏，如有可改进之处欢迎各位读者批评斧正。

目录

第 1 篇　从 Vite 起步

第 1 章　从实践开始 ……………… 2
1.1　Hello World ………………… 2
　　现在开始 …………………… 2
　　使用 DevTools …………… 4
　　第一个优化 ………………… 6
1.2　现实开发的例子 …………… 7
　　设置开发环境 ……………… 7
　　Vite …………………………… 8
　　vite build …………………… 9
　　进一步优化 ………………… 11
　　引入 antd …………………… 11
　　按需引入 …………………… 13
　　动态 import ………………… 14
1.3　小结 ………………………… 15

第 2 篇　性能优化方法论

第 2 章　度量 …………………… 18
2.1　科学的方法 ………………… 19
　　从一个客户反馈说起 ……… 19
　　不度量性能，就无法优化
　　性能 ………………………… 19
　　真实的用户端性能 ………… 20
2.2　初识 Performance API …… 21
　　performance.now()方法 …… 21
　　构建首屏指标 ……………… 23
2.3　均值、分位数和秒开率 …… 23
　　均值 ………………………… 24
　　分位数 ……………………… 25
　　秒开率 ……………………… 26
　　如何选择合适的统计指标 … 26
2.4　度量首屏 …………………… 27
　　FP …………………………… 27
　　FCP ………………………… 27
　　FMP ………………………… 28

	如何度量 FMP ························· 28
	选定并度量首屏 ························· 30
2.5	度量流畅度 ····························· 30
	度量流畅度的指标 ····················· 31
	可视化工具 ····························· 31
	用户端度量 ····························· 32
2.6	Core Web Vitals ······················· 34
	LCP ·· 34
	FID ·· 38
	CLS ······································· 39
2.7	小结 ·· 41

第 3 章 分析 ································· 42

3.1	分析方法 ······························· 43
	确定目标 ······························· 43
	收集数据 ······························· 43
	清洗数据 ······························· 44
	统计值分析 ····························· 44
	时序分析 ······························· 45
	维度分析 ······························· 46
	相关性分析 ····························· 48
3.2	常用的过程指标 ························· 48
	TTFB ···································· 49
	DOMReady 和 Load ················· 50
3.3	Performance API 详解 ··············· 51
	Navigation Timing API ············· 51
	Peformance Entry API ·············· 53
	Resource Timing ······················ 54
	Navigation Timing Level 2 ········ 55

	Paint Timing ··························· 56
	User Timing ···························· 56
3.4	分阶段性能分析 ························· 58
	常用的指标 ····························· 58
	其他值得分析的指标 ················· 59
3.5	小结 ·· 59

第 4 章 实验 ································· 60

4.1	优化不是照搬军规 ····················· 61
	时代在发展 ····························· 61
	优化的木桶效应明显 ················· 62
	用户环境差异大 ····················· 62
	性能实验 ······························· 62
4.2	用实验验证优化 ························· 63
	混沌问题 ······························· 64
	设计实验 ······························· 64
	分桶 ·· 65
	上报和分析数据 ····················· 68
	A/B Test 背后的数学 ··············· 68
	结论不重要，重要的是方法 ···· 69
4.3	用实验改进优化 ························· 69
	建立模型 ······························· 69
	实验修正 ······························· 70
4.4	小结 ·· 71

第 5 章 工具 ································· 72

5.1	DevTools ································ 73
	Network 面板 ·························· 73
	Performance 面板 ····················· 76

5.2 WebPageTest ········· 81
　　发起测试 ········· 82
　　报告 ········· 83
5.2 Waterfall 视图 ········· 83
5.3 小结 ········· 87

第3篇　网络协议与性能

第6章　TTFB 为什么这么长 ········· 90
6.1 TTFB 的合理值 ········· 91
　　精确定义 ········· 92
　　RTT ········· 92
　　RTT 一般需要多久 ········· 93
　　TTFB 的构成 ········· 93
　　实验环境验证 ········· 94
6.2 如何优化 TTFB ········· 95
　　减少请求的传输量 ········· 96
　　减少服务器端的处理时间 ········· 96
　　减少 RTT ········· 98
　　TTFB 的值越小越好吗 ········· 98
6.3 小结 ········· 99

第7章　建立连接为什么这么慢 ········· 100
7.1 建立连接应该耗时多久 ········· 101
　　TCP 协议 ········· 101
　　建立连接需要多少个 RTT ········· 101
　　抓包验证 ········· 102
7.2 如何优化建立连接的耗时 ········· 103
　　减少物理距离 ········· 103
　　preconnect ········· 103
　　复用连接 ········· 103
　　域名收拢 ········· 104
　　TCP Fast Open ········· 104
　　QUIC 和 HTTP/3 ········· 104
7.3 小结 ········· 105

第8章　Fetch 之前浏览器在干什么 ········· 106
8.1 重定向 ········· 107
　　HTML 重定向 ········· 109
　　有哪些重定向 ········· 109
8.2 浏览器打开耗时 ········· 112
　　初始化标签页的时间 ········· 112
　　unload 的耗时 ········· 112
8.3 如何优化 beforeFetch 耗时 ········· 114
　　重定向逻辑前置 ········· 115
　　合并重定向 ········· 115
　　避免使用短链 ········· 116
　　使用 beforeFetch 度量和分析 ········· 116
8.4 小结 ········· 117

第9章　HTTPS 协议比 HTTP 协议更慢吗 ········· 118
9.1 HTTPS 协议为什么安全 ········· 119
　　对称加密和非对称加密 ········· 119
　　SSL/TLS 的实现 ········· 120
　　SSL/TLS 握手 ········· 122
　　TLS False Start ········· 124

TLS 1.3 ·············· 124
9.2 HTTPS 协议如何吊销证书 ········ 125
　　CRL ·············· 125
　　OCSP ············· 126
　　OCSP Stapling ········· 126
　　浏览器支持的情况 ········ 126
　　证书类型 ············ 127
　　证书验证机制对性能的影响 ··· 129
9.3 HTTPS 协议更慢吗 ·········· 129
　　确保证书链完整 ········· 129
　　启用 TLS 1.3 ·········· 129
　　不滥用 EV 证书 ········· 130
　　开启 OSCP Stapling ······· 130
9.4 小结 ················· 130

第 10 章　HTTP/2、HTTP/3 和性能 ····· 131

10.1 HTTP/2 和性能 ············ 131
　　 连接复用为什么不生效 ····· 131
　　 头部压缩对我们有什么影响 ··· 137
　　 为什么没有广泛使用 Server Push ············· 140
10.2 为什么还需要 HTTP/3 ······· 144
　　 HTTP/2 存在什么问题 ········ 145
　　 HTTP/3 如何解决问题 ········ 146
10.3 小结 ················· 148

第 11 章　压缩和缓存 ············· 150

11.1 传输速度和压缩速度如何兼得 ···· 151
　　 Content-Encoding ········· 151
　　 gzip 压缩和 br 压缩 ······· 152
　　 实时压缩 ············ 152
　　 离线压缩 ············ 153
　　 如何优化传输性能 ········ 154
11.2 HTTP 缓存什么时候会失效 ···· 154
　　 缓存不仅仅是浏览器的事情 ··· 154
　　 缓存 Header ············ 154
11.3 小结 ················· 157

第 4 篇　浏览器与性能

第 12 章　浏览器和性能 ············· 160

12.1 第一次渲染时都发生了什么 ···· 161
　　 最小的渲染路径 ········· 162
　　 尽快返回 HTML ·········· 167
　　 减少资源的阻塞 ········· 167
12.2 为什么 DOM 操作很慢 ······· 168
　　 帧 ················ 168
　　 重排 ··············· 169
　　 重绘 ··············· 170
　　 访问 DOM 属性 ·········· 170
　　 如何优化 DOM 操作 ······· 171
12.3 小结 ················· 172

第 13 章　异步任务和性能 ············ 173

13.1 事件循环机制 ············ 174
　　 为什么要有事件循环 ······· 174
　　 多线程阻塞模型 ········· 174

　　　　　事件循环·················· 175
　13.2　任务和微任务·················· 176
　13.3　Promise 的 polyfill 性能·········· 178
　　　　　如何正确实现 Promise········· 178
　13.4　requestAnimationFrame·········· 180
　13.5　小结······················· 181

第 14 章　内存为什么会影响性能 182
　14.1　内存······················· 182
　　　　　内存管理·················· 183
　14.2　内存泄漏···················· 187
　　　　　内存泄漏和性能············· 187
　　　　　常见的导致内存泄漏的原因···· 188
　　　　　内存泄漏问题的诊断工具····· 189
　14.3　小结······················· 191

第 15 章　使用 ServiceWorker 改善性能 192
　15.1　ServiceWorker 概述············· 193
　　　　　AppCache·················· 193
　　　　　ServiceWorker·············· 194
　　　　　ServiceWorker 能做什么······ 194
　15.2　使用 ServiceWorker 进行缓存···· 195

　　　　　Cache API················· 195
　　　　　IndexDB··················· 200
　　　　　控制缓存的 Cache Key······· 200
　　　　　更加灵活的缓存更新策略····· 202
　15.3　API 提前加载················· 203
　15.4　ServiceWorker 冷启动·········· 204
　　　　　开启 Navigation Preload······ 205
　　　　　消费 Navigation Preload······ 205
　　　　　使用 ServiceWorker 并不代表
　　　　　性能提升·················· 206
　15.5　小结······················· 206

第 16 章　字体对性能的影响 208
　16.1　字体导致的布局偏移··········· 208
　　　　　如何定位布局偏移·········· 208
　16.2　如何避免字体带来的布局偏移··· 210
　　　　　如何尽快加载字体·········· 211
　　　　　字体文件的格式············ 211
　　　　　字体的加载················ 212
　　　　　预加载字体················ 213
　　　　　裁剪字体的大小············ 214
　16.3　小结······················· 214

第 5 篇　前端工程与性能

第 17 章　构建工具和性能 218
　17.1　为什么需要打包·············· 219
　　　　　CommonJS················· 220
　　　　　AMD······················ 220
　　　　　CMD······················ 221

　　　　　异步模块加载器············ 222
　　　　　依赖加载优化·············· 223
　　　　　模块打包器················ 224
　　　　　ES Module················· 225

XVII

17.2 构建工具可以做什么 ········· 226
　　构建工具和构建优化 ········· 227
　　为什么要优化打包体积 ······· 227
　　Bundle 分析 ················· 228
　　Tree Shaking ················ 229
　　Scope Hoisting ·············· 231
　　Code Splitting ··············· 233
　　代码压缩 ····················· 234
　　Vite 和 Bundleless ··········· 237

17.3 小结 ························ 237

第 18 章　服务器端渲染和性能 ····· 239

18.1 SSR 和同构 ················· 241

18.2 SSR 的性能优化 ············· 241
　　缓存 ························· 242
　　数据预取 ····················· 245
　　按需渲染 ····················· 245
　　流式渲染 ····················· 246

18.3 小结 ························ 246

第 6 篇　泛前端技术与性能

第 19 章　跨端技术与性能 ········· 248

19.1 WebView 和 Native 的区别 ··· 249
　　LayoutInflater ··············· 249
　　加载 XML 的具体过程 ········ 250
　　Measure ····················· 250
　　Layout ······················ 251
　　Paint ························ 252
　　Surface ······················ 253
　　SurfaceFlinger ··············· 253
　　差异 ························· 253

19.2 WebView 的通信成本 ········ 254
　　JavaScript 调用 Native ······· 254
　　Native 调用 JavaScript ······· 258
　　双向通信 ····················· 258
　　通信对性能的影响 ············ 259
　　减少通信数据量 ·············· 259
　　避免频繁通信 ················ 259

19.3 React Native 的懒加载有何不同 ··· 260
　　Web 实现 ···················· 260
　　基于滚动容器的懒加载 ······· 260
　　基于位置获取的懒加载 ······· 262
　　虚拟列表 ····················· 263

19.4 React Native 如何减小打包体积 ··· 265
　　Metro ······················· 265
　　度量 ························· 266
　　分析 ························· 266
　　手动 Tree Shaking ············ 267
　　利用 Babel 插件进行优化 ····· 269
　　体积和性能的关系 ············ 271

19.5 API 并行请求 ················ 271
　　发起请求 ····················· 272
　　请求拦截 ····················· 273
　　一致性检验 ·················· 274
　　命中率分析 ·················· 274

19.6 小结 ························ 274

第 20 章 CDN 和性能 275

20.1 什么是 CDN 275
解析 276
边缘节点 276
回源 277
缓存策略 277

20.2 如何提升缓存命中率 278
如何在端侧统计缓存命中的情况 278
减少缓存分裂 279
缓存忽略动态参数 279
归一化 Vary Header 280
长效缓存 280

20.3 动态加速 281
海外加速 282
连接复用 282
客户端连接复用 282
HTTPS 优化 283
动静分离 283
压缩 284
什么场景适合使用动态加速 284

20.4 自动 polyfill 284
什么是 polyfill 284
Polyfill.io 285
实现原理 287

20.5 边缘计算和性能 288
CDN 的可编程功能 288
Hello World 289
自定义 Cache Key 289
前置重定向 290
流式渲染 290

20.6 小结 291

第 1 篇　从 Vite 起步

↘ 第 1 章　从实践开始

第 1 章

从实践开始

提到性能，很多读者会联想到数据结构、算法等方面的技术，其实 Web 性能的大部分优化和语言、数据结构层面的知识无关。为了使读者能够更好地理解 Web 性能，下面从几个可以实践的例子开始介绍，希望能够帮助读者快速入门。

Web 性能优化是一个与实践、理论都紧密结合的领域，接下来介绍把理论运用到现实中的相关内容。

1.1 Hello World

大部分的编程指南都是从输出 Hello World 开始的，以便读者可以尽快入门。下面通过一个简单的例子来介绍如果要优化一个页面的性能，我们应该做什么，以及这么做能够给页面带来哪些改善。

现在开始

对于一个单纯显示 Hello World 的页面来说，能做的性能优化非常有限，所以本书的第一个例子的逻辑比 Hello World 稍微复杂一些，但这个例子仍然足够简单，也足够通用。

下面先构造一个页面，页面向 api.json 这个动态接口提出请求，然后把动态接口中的内容 Hello World 和图片显示在页面上，为了简单起见，可以用 HTML 完成这项工作。

```html
<!DOCTYPE html>
<html lang="en">
<head>
    <meta charset="UTF-8">
    <meta http-equiv="X-UA-Compatible" content="IE=edge">
    <meta name="viewport" content="width=device-width, initial-scale=1.0">
    <title>Hello World</title>
    <script>
        window.LOAD_DATA = (data) => {
            const {
                title,
                url,
            } = data;

            document.body.innerHTML = `<h1>${title}</h1><img src="${url}"></img>`;
        }
        const tag = document.createElement('script');
        tag.src = 'https://cdn.jsdelivr.net/gh/xcodebuild/perfdemo@master/hello-world/api.jsonp.js';
        document.head.appendChild(tag);
    </script>
</head>
<body>
    <h1>Loading...</h1>
</body>
</html>
```

这样就可以直接在本地打开这个 HTML 文件，等待一段时间后页面上显示的是 Hello World 和一张图片，运行效果如图 1-1 所示。

为了不安装 Node.js 等开发环境就能运行这段代码，这里使用静态的 JSONP 来加载数据（api.jsonp.js），而没有使用 Fetch。不完全理解这段代码也没有关系，因为这不影响读者对性能优化的理解。

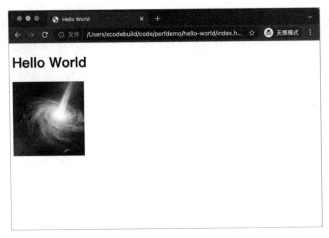

图 1-1　运行效果

使用 DevTools

模拟网速

虽然此时页面可以正常运转，但是我们对其性能仍然一无所知。首先需要明确的是，一个页面并非能够快速打开就说明其具有较好的性能。我们通常是在本地和比较好的网络条件下打开页面的，并且大部分内容都有缓存。如果用户在 3G 网络下打开页面，看到的情况是怎样的呢？DevTools 针对这种情况提供了网速模拟功能，可以让用户模拟在不同的网络条件下打开页面。

在上面显示 Hello World 的页面上右击并选择"检查"命令，在打开的 DevTools 中选择 Network 选项卡，默认选择 No throttling 命令，此处选择 Fast 3G 命令，如图 1-2 所示。

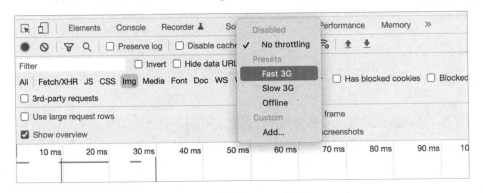

图 1-2　模拟 Fast 3G 网络

需要注意的是，该功能在不使用的情况下应该关闭，否则会对网速造成比较大的影响。

禁用缓存

同样，在调试性能时通常不希望受到缓存的影响。在 DevTools 中可以通过勾选 Disable cache 复选框关闭缓存，如图 1-3 所示。

图 1-3　关闭缓存

截屏

DevTools 还提供了获取过程截屏的能力，用户可以直观地看到页面的渲染过程。切换至 Network 面板，点击 Setting 按钮后勾选 Capture screenshots 复选框，这样在刷新页面的同时浏览器会自动把关键帧的截屏保留下来，如图 1-4 所示。

图 1-4　截屏

刷新页面

在完成上述操作后就可以刷新当前页面，如图 1-5[①]所示。

首先，可以看到关键帧的截屏，从时间上来看，600ms 左右才出现 Hello World 的字样，1.21s 仅显示了一部分图像，1.23s 完成整个页面的显示。另外，从下面的网络详情中可以看到整个网络请求的过程，在完成 api.jsonp.js 的请求后才开始加载图片。

事实上，一般在线页面还会有更多的耗时，但这里为了可以在本地演示就忽略了这个因素。

---

① 软件图中"kB"的正确写法应为"KB"。

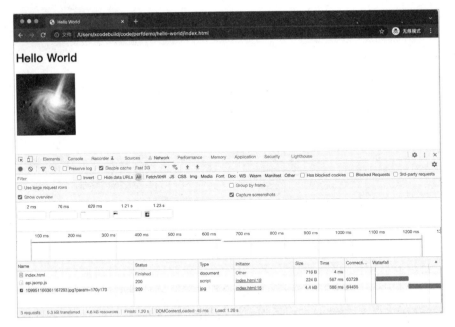

图 1-5　刷新当前页面

第一个优化

从网络详情中可知，页面显示慢最大的问题在于图片的加载需要在接口请求后才能开始，而这两者都需要消耗较长的时间。如果能够在接口请求前对图片进行预加载，那么在接口返回后就能直接渲染图片。

在现代浏览器中，可以通过<link rel="preload" as="image" href="url"> 来预加载一张图片（关于 preload 的详细用法会在 10.1 节详细介绍）。于是，可以在 HTML 文件的<head>标签中加入如下代码。

```
<link rel="preload" as="image" href="https://p1.music.126.net/aolHExjd1O1D-
1MZcAEPyQ==/109951166361167293.jpg?param=170y170">
```

这样就可以提前开始图片请求。同样，可以开启 Fast 3G 的网络模拟和 Disable cache，以此刷新页面，如图 1-6 所示。

可以看到，图片和 Hello World 的请求基本上是同步发起的，原来串行的流程变成并行加载。用户在 618ms 就可以看到内容和图片，在 635ms 就可以完成整个页面的渲染。

这样就完成了第一个优化，把图片请求提前和接口并行化加载，可以大幅度缩短用户看到页面的时间，页面的渲染完成时间从 1.23s 缩短到 635ms。

第 1 章　从实践开始

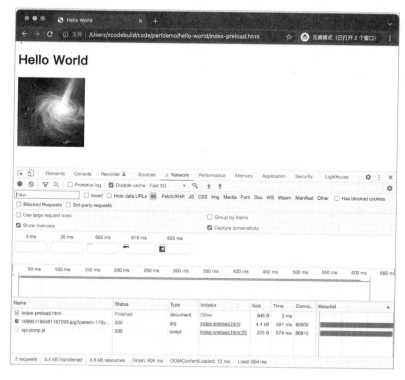

图 1-6　刷新页面

1.2　现实开发的例子

1.1 节介绍了一个简单的关于性能优化的例子，不过目前的 Web 开发已经和以前大不相同，在大部分情况下都依赖很多工具链开发比 Hello World 复杂的页面。也有一些开发人员认为性能优化应该完全是工具链、框架等方面的问题。事实上，即使期望使用工具链可以为我们解决问题，也需要先理解其工作方式。

本节引用一个现实开发的例子来介绍如何进行性能优化。下面构建一个页面，页面中有一个按钮，点击该按钮后在弹出框中显示 Hello Real World。

设置开发环境

Node.js 是基于 Chrome V8 引擎的 JavaScript 运行环境，可以脱离浏览器运行 JavaScript 代码。Web 开发的工具链大多数是基于 Node.js 开发的。接下来的例子将使用的工具 Vite 就是基于 Node.js 运行的。

读者可以访问 Node.js 官网并按照对应平台的安装方式进行安装。

Vite

Vite 是前端开发和构建工具，使用它可以快速构建一个页面。

```
npm create vite@2.8.6 # project-name 填 real-world
cd real-world
npm install
npx vite dev
```

可以通过 http://localhost:3000/ 访问页面，和 1.1 节一样，开启 Fast 3G 和 Disable cache，刷新页面，如图 1-7 所示。

图 1-7　使用 Vite 刷新页面

页面加载速度非常慢，其中加载 react-dom 消耗了 16s，直到 18.42s 才能完整地显示页面。这是因为在开发模式下引入了很多仅在该模式下运行的代码，并且完全没有压缩。

vite build

Vite 默认提供了通用的优化能力，若使用 vite build 命令，则默认将内容构建到 dist 目录下，如图 1-8 所示。

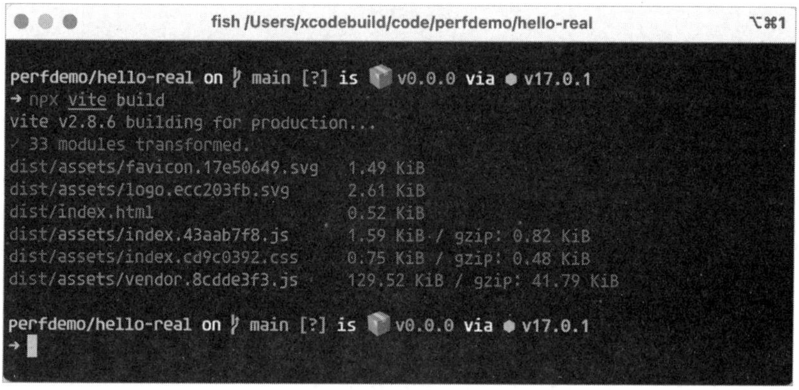

图 1-8　Vite 生产模式

可以看到，在 build 模式下文件的体积已经小了很多。由于 build 模式是将文件构建输出到文件目录，因此需要使用一个额外的工具 npx static-server -z 来托管这些文件，才能看到结果。

```
npx vite build
cd dist
npx static-server -z
```

这样就可以打开 http://localhost:9080，同样，打开 DevTools 能看到页面的性能，如图 1-9 所示。

可以看到，原来的 18.4s 已经被优化到 2.51s，其中最显著的优化是因为 Vite 将 JavaScript 代码打包到一起并且压缩到只有 129KB，如图 1-10 所示。

关于打包和代码压缩带来的优化请参考第 17 章。

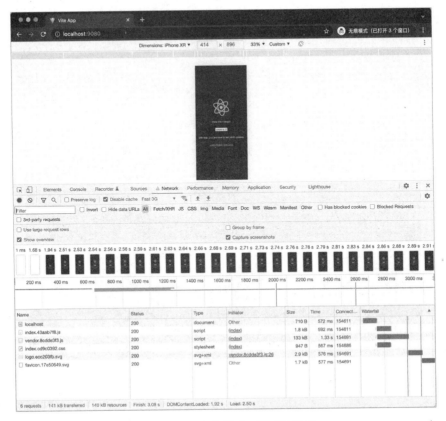

图 1-9　Vite 生产模式下页面的性能

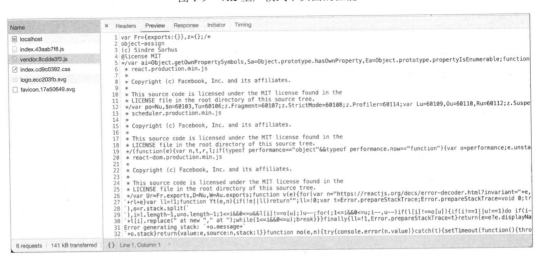

图 1-10　代码压缩

进一步优化

当然，在此基础上还可以做更多的优化工作，和 1.1 节一样，从 DevTools 中可以看到，logo.ecc203fb.svg 同样是串行加载的，等待 JavaScript 加载完才开始对其进行加载。可以把 logo.svg 提前到前面并行加载，从而节约等待加载的时间。

同样，可以把 preload 的代码加入 index.html 中并重新构建。

```
<link rel="preload" as="image" href="/src/logo.svg">
```

如图 1-11 所示，可以看到 logo.svg 被提前到前面并行加载，时间再一次从 2.51s 被优化到 1.95s。

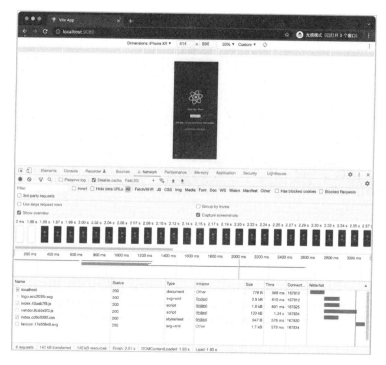

图 1-11　Vite 生产模式+ preload

引入 antd

接下来在页面中实现我们想要的功能，引入 antd 并且在页面中添加一个 Button 组件，在点击 Button 组件时弹出对话框（antd 的 Modal 组件），简单地修改 index.jsx 文件。

```
import { useState } from 'react'
import { Button, Modal } from 'antd'
```

```
import 'antd/dist/antd.css'

function App() {
  const onClick = () => {
    Modal.info({
      title: 'Hello World',
      onOk() {},
    });
  }
  return (
    <div>
      <Button style={{ margin: '20px' }} onClick={onClick}>Hello</Button>
    </div>
  );
}

export default App
```

同样，在 npx vite build 后面使用 cd dist && npx static-server -z 托管 dist 目录可以获得最好的性能，打开 DevTools，并勾选网速模拟和禁用缓存，如图 1-12 所示。

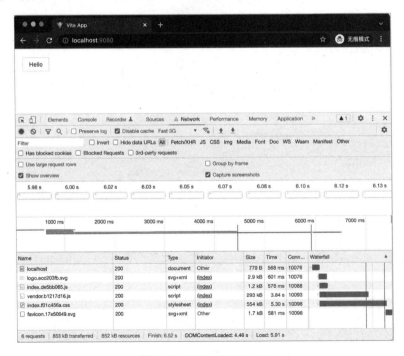

图 1-12　Hello World antd

可以看到，在这种情况下引入 antd，JavaScript 文件和 CSS 文件的体积分别从 133KB 和 947B 增加到 293KB 和 554KB。

CSS 文件的体积增加得更明显，这是因为 Vite 通过 Tree Shaking 的特性只引入了 Button 组件和 Modal 组件所需要的 JavaScript 代码，而 CSS 则是全量引入的，包括所有其他没有用到的组件。

关于 Tree Shaking 的介绍请参考 17.2 节。

按需引入

虽然 CSS 没有办法像 JavaScript 那样通过 Tree Shaking 自动实现按需引入，但是可以借助一些工具来实现类似的效果。例如，使用 vite-plugin-import 插件不仅可以帮助 CSS 实现按需引入，还可以指定 CSS 的路径。

首先引入 vite-plugin-import 插件。

```
npm install --save-dev vite-plugin-import
```

然后修改 vite.config.js。

```
import { defineConfig } from 'vite';
import react from '@vitejs/plugin-react';
import importPlugin from 'vite-plugin-import';

// https://vitejs.dev/config/
export default defineConfig({
  plugins: [react(), importPlugin({
    babelImportPluginOptions: [
      {
        libraryName: 'antd',
        libraryDirectory: 'es',
        style: 'true',
      }
    ]
  })],
});
```

重新构建后可以看到，CSS 文件的体积从 554KB 降到了 74.2KB，3G 下的渲染完成时间从 5.98s 降至 2.53s，如图 1-13 所示。

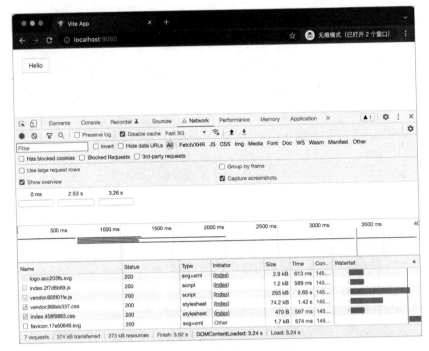

图 1-13 按需引入

动态 import

在上面的例子中，其实 Modal 组件相关的逻辑在首屏是完全不需要的，可以使用动态 import 的方式来引入 Modal 组件的逻辑，仅在点击 Button 组件后才加载相关的模块。

```
import { useState } from 'react';
import {
  Button,
} from 'antd';

function App() {
  const onClick = () => {
    Promise.all([
      import('antd/es/modal'),
      import('antd/es/modal/style/css'),
    ]).then(([ Modal ]) => {
      Modal.info({
        title: 'Hello World',
```

```
      onOk() {},
    });
  });
}
return (
  <div>
    <Button style={{ margin: '20px' }} onClick={onClick}>Hello</Button>
  </div>
)
}

export default App
```

重新构建后文件的体积进一步下降，JavaScript 文件的体积减小了 20KB，CSS 文件的体积减小了 4KB，如图 1-14 所示。

图 1-14 动态 import

动态 import 本身其实并不减小文件的体积，背后实现这一点的是 Vite 的 Code Splitting（代码分割）。使用 Code Splitting 可以将代码分割成多个文件，并且可以在需要的时候再加载，而动态 import 则可以告诉构建工具代码分割的分割点在哪里。

关于 Code Splitting 的具体内容请参考 17.2 节。

1.3 小结

本章使用两个性能优化实践的例子来帮助读者大致了解如何做性能优化。性能优化是在完成网站、页面或应用的功能之后，通过一些数字指标看到性能存在的缺陷，并分析产生这些缺陷的原因，根据原因对存在的缺陷进行修正。

阅读第 1 章不仅可以帮助读者快速入门，还可以使读者对性能优化有一个整体的认识。所以，本章简化了中间很多的概念。例如，本章直接使用 DevTools 来评估页面的性能。一般来说，在实际工作中要评估一个页面的性能并没有从 DevTools 的 Network 面板直接去看它的截图时间这么直观。

即使使用网络模拟、缓存控制等功能，我们看到的性能和用户看到的性能其实仍然是完全不一样的，因为用户所处的网络环境和使用的机器设备等非常复杂。

所以，第 2~4 章主要介绍在真正的生产环境中如何评估、分析和验证用户感受到的真实性能。例如，如何度量一个在线页面的真实的性能表现？如何分析这个在线页面在不同用户的机器上运行的整体性能状况？如何从数据中找到其性能不佳的原因？如何通过线上的实验手段来验证优化效果？

本章在本地完成的是一个简化流程，先在浏览器中查看它渲染页面的时间，然后通过 DevTools 的加载图分析性能较差的原因，最后在浏览器中测试它的优化效果。与这种简化流程相比，在现实的生产环境中，整个流程会涉及一些数据的采集和分析工作。

对于期望把性能优化落地在真正的生产环境中的读者，或者旨在储备职场技能的读者，应优先了解第 2~4 章的内容，然后学习后面关于性能优化的具体细节。

第 2 篇
性能优化方法论

- ↘ 第 2 章　度量
- ↘ 第 3 章　分析
- ↘ 第 4 章　实验
- ↘ 第 5 章　工具

第 2 章

度量

过早优化是万恶之源。

这句话出自《计算机编程艺术》，本书作者 Donald Knuth 之所以将过早优化视为万恶之源，是因为他认为"我们应该忽略无关紧要的效率性，有时这可能关涉 97%的时间。然而，我们不应该因此放弃那关键的 3%的机会"。

过早优化会让我们把 97%的时间都花在细枝末节的优化上，而放弃关键的 3%。例如，花费大量时间纠结用 for 还是 forEach 更快，或者努力优化一个在实际运行中基本不耗费时间的函数的复杂度。这么做并不会为用户带来任何实质性的体验改变，反而会让我们无暇解决真正影响用户体验的问题，更糟糕的是，还会为了这种并没有实际回报的"优化"破坏代码的可读性和可维护性。

那是不是早期不需要考虑任何性能方面的问题，只要后期进行优化就能达到预期目标，即"先污染再治理"呢？显然，也不是这样的。早期良好的设计可以规避难以解决的性能问题，事实上，在本书后面诸多系统的介绍中也可以看到，很多为性能考虑的前期设计在性能上的优势远超在错误的设计上修修补补。

其实，笔者认为优化是否合适与其是不是"早"并没有直接的联系，"盲目优化"才是万恶之源。

无论是在项目的早期还是后期，如果对优化的成本、优化带来的收益一无所知，那么就无法识别这部分优化到底属于无关紧要的97%还是关键的3%，可以认为这种优化是盲目的，因为我们对自己的目的和实际目标的达成程度都一无所知。事实上，由于盲目优化极度依赖于开发人员的主观感受和运气，因此在大部分情况下都属于无关紧要的97%的部分。

2.1 科学的方法

为了避免性能优化过程中的盲目，需要使用科学的方法判断当下的性能是否符合预期，应该从何处着手进行优化，以及优化完成后又应该如何验证收益。

笔者将方法中核心的部分总结为度量、分析、实验三个方面，作为本书的开篇，并从这里开始性能优化之路。

从一个客户反馈说起

A：有客户反馈这个页面打开得特别慢，要"白屏"很久。

B：我这里看起来挺快的啊。

这是日常工作中经常能够听到的对话。每当有客户反馈性能问题时，我们很难确定页面的性能问题是由什么引起的，甚至无法确定性能问题是否真的存在，因为很多性能问题很难在我们的环境下复现出来。

相比于可以稳定复现的功能性问题，性能问题往往和环境、机器甚至时序等有关，难以进行稳定的复现，即使能够复现出一样的场景，快或慢本身也是一个非常主观的评价。

这种特点引发了以下两个问题。

- 我们对于性能往往停留在主观感受上，无法直截了当地判断一个页面的性能究竟是好还是坏。
- 我们往往只能看到单个环境下的性能状况，对不同环境下的性能表现无从了解。

在这种情况下只能做一些简单的优化，以草草地了结这个问题。开发人员主观上可能看到页面的性能变好，但实际上用户的性能体验仍然无法得到改善。

不度量性能，就无法优化性能

一件事情如果无法衡量，就无法管理。

——管理大师彼得·德鲁克

如果要对一个页面的性能进行真正有效的优化，而不是只让自己感觉它似乎快了一些，就需要先找到一个合理的方式度量页面的性能。

度量的方式有很多种。例如，当刷新一个页面时，在 DevTools 的 Network 面板中可以看到 Load、DOMContentLoaded 的时间等（见图 2-1），这是一种度量方式。

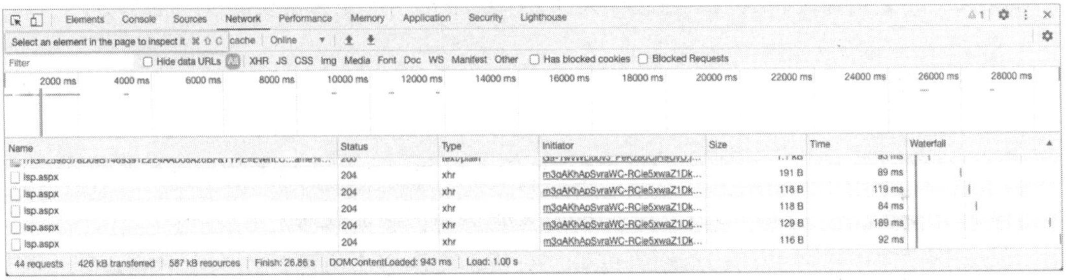

图 2-1　Load、DOMContentLoaded 的时间

也可以通过录屏的方式对一个网页的打开过程进行计时（见图 2-2），计算从页面打开到用户看到主要内容的时间间隔。

图 2-2　WebPageTest 的加载屏幕录制

度量的方式有很多种，但不同的度量方式关注的点并不同，这是因为性能本身就不仅仅是指某个指标的状况，上面这两种方式关注的并不是同一类性能。前者关注资源在什么时间点加载完毕，后者关注的则是用户在什么时间点可以看到主要内容。

在进行性能优化之前，需要先确定要优化的目标，并为这个目标定义指标。例如，可以优化加载页面的时间，让用户更早地看到页面渲染的内容；也可以优化页面的滚动性能，让用户在滚动时不会频繁地感到卡顿。这两种优化的目标需要衡量的指标是完全不同的，前者是关键元素的渲染时间，后者的是滚动时的帧率等。

真实的用户端性能

如果选择了一个指标来度量页面的性能，是否就可以解决性能问题不能复现、难以全面了解的问题呢？

显然，在这种情况下问题仍然没有被完全解决，我们只是在自己的机器上通过一个数值来度量当前的性能表现，这样虽然摆脱了主观感受的影响，但是不能反映真实的用户感受。我们在高速的办公网络和高性能的测试机上看到的性能表现，往往与用户看到的并不一致。

单点度量的方式的优势在于便捷、信息充足。然而采用这种方式只能看到特定的实验室环境下的性能表现。优化性能从本质上来说是为了带来更好的用户体验，如果用户的机器性能普遍较差，而页面只是在高端机器上性能较好，那么优化就没有意义（见图 2-3）。

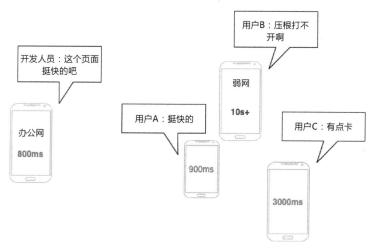

图 2-3　不同用户感知到的性能不同

所以，为了评估用户真实感受到的性能，还需要采集和统计用户端的性能数据。接下来介绍如何使用 Performance API 在前端对页面的性能进行度量，以及如何凭借这些数据来评估用户端当下整体的性能状况。

2.2　初识 Performance API

想要在前端采集页面的性能信息，就需要借助浏览器提供的一些 API 进行性能的度量，这些 API 称为 Performance API。通常，相关的 API 都在 window.performance 对象下。

performance.now()方法

为了测算一个任务的耗时，最容易想到的方式是先分两次调用 Date.now()方法，然后做差值来衡量过程中消耗的时间。

```
const startTime = Date.now();
// 做具体的任务 doTask()
// 最终耗时
const taskCostTime = Date.now() - startTime;
```

这种方式存在以下两个问题。

- 在部分场景（如游戏、Benchmark 等）下的精度不够，只能精确到毫秒（ms）。
- 使用 Date.now()方法获取的是时间戳（1970 年到现在经过的秒数），它依赖于用户端操作系统的时间。如果用户记录了 startTime 并修改了本地时间，就会出现任务耗时异常的情况（虽然这种情况并不常见）。

Benchmark（基准测试）是一种测试性能的方式，如通过短时间内运行多次一个函数来测试调用其所耗费的时间。因为函数单次执行耗时一般很少，所以 Benchmark 对于时间的精度要求很高。

为了提供更高精度、更可靠的性能计时，Performance API 提供了 performance.now()方法。performance.now()方法具有以下特性。

- 精度精确到微秒（μs）。
- 获取的是把页面打开时间点作为基点的相对时间，不依赖操作系统的时间。

使用 performance.now()方法和 Date.now()方法的差异如图 2-4 所示。

图 2-4　使用 performance.now()方法和 Date.now()方法的差异

需要注意的是，虽然 performance.now()方法旨在提供更高精度的时间，但是鉴于 Spectre[①]漏洞的影响，现阶段的主流浏览器都加入了一些精度上的扰动，从而避免遭受相关的攻击。除此之外，一些浏览器出于隐私保护也提供了一些选项，用于避免提供过于精确的精度。

部分浏览器尚不支持 performance.now()方法，在这种情况下可以使用当前时间戳（页面打开的时间戳）进行模拟。

---

① Spectre 是一种依赖时间的针对具有预测执行能力的 CPU（如 Intel 的 CPU）的安全漏洞，是缓冲时延旁路攻击的一种，可以恶意获取其他程序的内存内容。

```
performance.now = function() {
  // performance.timing.navigationStart 表示页面打开时的时间戳，非高精度时间
  return Date.now() - performance.timing.navigationStart;
}
```

构建首屏指标

使用 performance.now() 方法可以选取一个对于用户来说可以算作首屏指标的指标，并采集相应的值。

例如，在获取某个 API 的内容后渲染了首屏组件，通常主观认为这个时候用户看到了想要看到的首屏，就可以记录这个点的时间作为首屏指标。

```
const res = await fetch(API);
const data = await res.json();

domContainer.innerHTML = data;
// 记录
record(performance.now());
```

当然，使用这种方式并不能精确计算出这个元素真正渲染的时间，本节选取一个简单的指标进行介绍，后面会介绍其他更加通用的指标及其测算方式。

本节介绍了 Performance API 最基础的使用方式，在了解之后，就可以用页面的某个时间点来计算出一个数值并据此衡量这个页面的性能。

当然，Performance API 的能力远不止体现在这个 API 上，关于页面性能的衡量也有非常多的方案。本节只是匆匆介绍了一种非常简单的度量方式，后面会随着问题的逐步推进来介绍 Performance API 的其他能力及其度量方式。

2.3 均值、分位数和秒开率

前面介绍了站在用户角度度量性能指标的必要性，使用 Performance API 能够在浏览器中用 JavaScript 计算出要上报的性能指标。然而，对于用户端性能的统计到这里并没有完成，虽然用户端的性能数据被上报了，但是无法直接通过这些离散的点状信息来度量整体的性能状况。所以，除了需要为度量用户端的性能选取度量指标，还需要选取一个合适的统计指标来反映用户端整体的性能水平。

下面介绍性能统计中最常见的 3 个集中统计指标。
- 均值。
- 分位数。
- 秒开率。

均值

均值应该是大部分人面对数据统计能够想到的指标，理解起来也非常简单。如果想要看到用户端整体的首屏性能，把多个用户多次访问的首屏指标求均值即可。

然而，在实际的性能统计中，直接使用均值会存在一些问题。

第一个问题是使用均值难以排除极值的影响，这也是最显著的问题。假设有一组用户访问数据，用于度量用户某张图片的加载速度，如图 2-5 所示。

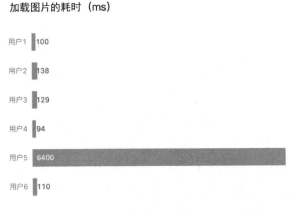

图 2-5　一组用户访问时加载图片的耗时

可以看出，大部分用户加载图片的耗时在 100ms 左右，但是如果对这些数据求均值，那么得到的统计值约为 1162ms，这显然无法真实地反映大部分用户加载这张图片的耗时，如图 2-6 所示。

可以看到，当有极值（即极端大或极端小的值）出现时，均值往往会被个别极值拉到一个远远偏离大部分值的水平，更糟糕的是，对于生产环境的性能数据来说，这种极值是非常容易产生的。例如，用户打开页面时正在网络信号较差的地铁上，或者正在切换 Wi-Fi 和数据网络的过程中，又或者是手机过热被降频，这些外在因素都会导致性能数据中存在极值。

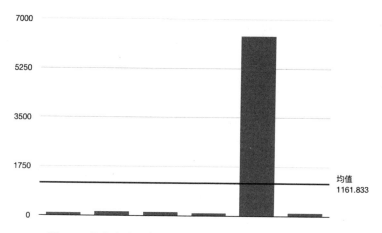

图 2-6　均值在出现极值时无法反映大多数用户端的水平

在这种情况下，一个可行的方案是按照经验丢弃一部分极值，如根据经验判断大于或等于 3000ms 的数据是不正常的，就在统计时抛弃这些数据，这样性能指标的总体均值至少不会大幅度偏离大部分用户端的性能数据。

第二个问题是可解释性。虽然均值是一个被广泛接受的概念，但是我们很难真正解释清楚用户端性能的均值代表的现实意义是什么。均值并不代表一个典型用户端的性能状况，也不能代表达到某种性能体验的用户占比，首屏的均值达到 1s 不代表所有的用户端都处于很好的性能状况，正如平均工资无法体现一个人群的收入状况一样，均值也很难体现用户端的整体性能状况。

分位数

同样，参考工资的统计方式，另外一个常常和均值一起出现的统计指标是中位数。使用中位数可以很好地解决均值面临的极值问题和可解释性问题。

正如上面所说，均值并没有现实中直接对应的意义，而中位数则不同，假设一群人收入的中位数是 1 万元，那么可以说这群人中不少于一半的人的收入在 1 万元或以上。

由中位数引申，可以说有不少于 $x\%$ 的用户首屏渲染耗时在 2s 以内，这里的 2s 就是渲染耗时的 x 分位数，而中位数是一种特定分位数，即 50 分位数，是一种常用的分位数指标。这样就可以解决均值面临的极值问题，因为一般来说极端慢的用户端占比并不会太高（如果占比太高，就需要考虑是否存在一个现实的性能问题，而非需要排除的极值问题）。同样，用上面的数据来看，性能指标的中位数不会大幅度偏离大部分用户端的性能数据，如图 2-7 所示。

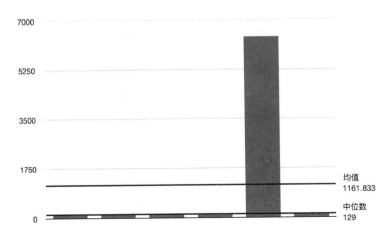

图 2-7　中位数相对均值受极值的影响较小

通常将这些值称为 Top Percent（TP），如 TP 90 代表 90 分位数。

2.5 节在介绍 Core Web Vitals 时就推荐使用 75 分位数来确保大多数用户的体验，对性能有高追求的场景也可以采用 90 分位数等，如对后端接口 API 耗时的性能统计等往往使用 95 分位数这样比较高要求的统计指标。对于同样的性能指标，更高的分位数意味着有更多的用户享受到了高水平的性能体验。另外，高分位数的统计往往能够更快、更明显地暴露问题，因为高分位数关注的是性能相对较差的用户端，相对于那些性能很好的用户端，其机器的配置比较差、网络延迟比较高，对于性能问题的感知更加明显。

秒开率

分位数更侧重于性能差的用户端的性能状况，秒开率则反过来关注有多少用户端可以到达非常高的性能水平。秒开只是一个惯用的说法，实际上有时候我们关注的可能不一定是 1s 内打开的用户的占比，也可能是 n 秒内打开的用户的占比。

提高分位数的方式往往用于解决低端机型或较弱网络下的性能问题。而优化秒开率的方式则用于提高极限的性能体验，让条件较好的用户可以享受更好的性能。

如何选择合适的统计指标

在条件允许的情况下，推荐使用分位数来衡量性能，这有利于保障大多数用户的真实体验，也更容易帮助我们发现性能问题。

在真正的统计中，均值统计在大多数场景下的实现难度远低于分位数统计的实现难度，所以在部分场景下也会采用均值统计的方法。如果要使用均值统计，则结合合适的经验值去掉极值是必不可少的。在去掉极值的情况下，均值也存在一定的可参考性，尤其是用于衡量趋势变化及优化效果等。

在大部分场景下并不推荐使用秒开率，但对于特定场景下的极致性能优化，秒开率是衡量处于最佳性能体验用户数量的一种方式。

2.4 度量首屏

正如前面提及的，有非常多的指标可以用于衡量性能。站在用户的角度来说，人们最关心的莫过于打开页面的速度，即首屏性能。页面的打开速度是一个很模糊的描述，还有很多相关的指标可以用来衡量性能。针对这个问题，Google 曾经提出一系列以用户体验为中心的性能指标。

如图 2-8 所示，以用户体验为中心的性能指标大致有 First Paint（FP，第一次绘制时间）、First Contentful Paint（FCP，第一次有内容的绘制）、First Meaningful Paint（FMP，第一次有意义的绘制）和 Time to Interactive（TTI，可交互时间）。

图 2-8　页面加载过程

FP

FP 代表浏览器第一次在页面上绘制的时间，这个时间仅仅是指开始绘制的时间，但是未必真的绘制了什么有效的内容。

FCP

FCP 代表浏览器第一次绘制出 DOM 元素（如文字、<input>标签等）的时间。FP 可能和 FCP 是同一个时间,也可能早于 FCP,但一般来说两者的差距不会太大。

FMP

FMP 是一个主观的指标,毕竟意义(Meaningful)本身就是一个主观的概念。

以图 2-8 所示的页面加载过程为例,既可以认为渲染出搜索框就算是有意义的首屏,也可以认为搜索结果的文字内容被渲染出来才是有意义的。除了不同人对意义的判断存在主观差异,不同的场景对意义也有很大的影响。以图 2-8 中的搜索结果页为例,在只显示一个搜索框的情况下,用户无法得到太多自己想要检索的信息,但如果是在搜索引擎的首页,那么显示一个搜索框对用户来说就已经可以开始输入关键词。

虽然 FMP 是一个主观认知的指标,但是 Google 也曾经试图通过算法来测算 FMP。显然,试图通过算法来确定主观指标的方式往往过于复杂,并且也不准确,于是 Google 也废弃了 FMP 的探测算法,转而采用定义更加明确的客观指标,即 LCP。

需要注意的是,废弃的是自动探测 FMP 的算法,而不是 FMP 这个概念。事实上,FMP 作为一种主观指标,指的仍然是我们主观认为页面渲染有意义的内容的时间点。

在一般情况下,首屏指的主要是 FMP。FP 和 FCP 虽然都可以根据一个确定的规则测算出一个客观的指标值,但开始渲染和渲染第一个元素对于用户来说未必有意义。更主要的是,仅仅依靠这些指标往往容易导致度量的结果失真。

例如,在一个搜索结果页,如果先直接返回一个空有搜索框的页面,再在前端动态加载数据渲染出搜索结果,就会使 FP 指标的结果更好,因为很快浏览器就开始绘制了。然而用户带着看到搜索结果的预期打开页面,结果却等待了更长时间,从用户的视角来说,性能体验更差。

如何度量 FMP

对 FMP 这种并没有统一算法的指标,应该如何进行度量呢?事实上,只能使用客观指标逼近 FMP 的值,只要没有过大的失真即可。下面介绍常见的几种度量 FMP 的方式。

关键逻辑计时

最简单的方案就是记录关键逻辑的时间点。关键逻辑的时间点包括页面关键组件渲染完成的时间、API 加载等逻辑完成的时间。可以手动使用 JavaScript 记录时间点,从而将其作为 FMP 的时间。

例如，在 React 中，可以在组件第一次挂载后打一个时间点。

```
useEffect(() => {
  const FMP_TIME = performance.now();
  reportFMP(FMP_TIME);
}, []);
```

这样做的优点是实现非常简单，也不太容易失真；缺点是精确度相对较差，如组件完成挂载的时间和用户真正在屏幕上能看到它的时间之间存在一定的差值。

Hero Element

对于偏展示的页面来说，某项重要元素的展示时间几乎就可以被视为 FMP 的时间，如上面搜索结果页的结果内容、很多网站首页的第一屏最吸引眼球的 banner、视频展示页的视频内容等元素。

我们将这样的关键元素称为 Hero Element。在很多场景中，可以使用 Hero Element 的渲染完成时间作为 FMP。以一张图片为例，可以使用如下方式。

```
<img onload="reportNowAsFMP()"></img>
```

这种方式把其加载完成的时间作为 FMP。当然，这种度量方式不够精准，因为图片的 onload 函数的执行还取决于 JavaScript 线程的繁忙程度。有可能出现图片早已经加载好，但是 JavaScript 主线程被占据，从而出现 FMP 度量偏晚的情况。另外，这种方式对于文字类型元素的展示也比较难以起作用。

为了使度量结果更加精准，Google 也在推动新的标准提案 element-timing 来借助浏览器的功能精准度量 Hero Element 的渲染时间。

同样以图片为例，可以使用如下方式来标记和计算这张图片的渲染时间，而后从 JavaScript 的 Performance API 中得到其具体的耗时。

```
<img src="my_image.jpg" elementtiming="foobar">
```

这种方式目前只有 Chrome 支持，暂时还没有进入标准提案阶段。所以，这里不进行详细介绍，有需求的读者可以自行查阅相关资料。

LCP

前面提到的用于代替原来的 FMP 自动探测算法的 LCP，也是常用的一种用于近似度量 FMP 的方式。LCP 和 FCP 并不相同，相对来说，在大部分场景下 LCP 已经足够接近 FMP，并且开发人员不需要关心具体的度量逻辑。

2.5 节会详细介绍 LCP。

选定并度量首屏

大部分业务场景都关心打开页面的速度，所以大部分场景都需要定义首屏指标，并且进行度量。

- 对于大部分页面，推荐直接使用 LCP 来度量首屏，这是一种基本不需要开发人员操心的度量方式，对于大部分页面都足够有效。
- 对于偏展示且有重点元素的页面，推荐使用 Hero Element 来度量首屏。
- 对于有关键业务逻辑的场景，推荐使用关键逻辑计时来获取核心逻辑的执行时间点。

大部分的度量方式都有一定的优点和缺点，所以无须尽善尽美，选择的指标尽可能贴近用户的真实体验即可。

2.5　度量流畅度

除了打开页面的速度，另一个对用户体验具有直接影响的指标是页面的流畅度。正如前面所说，前端应用的复杂度正在不断提高，一些原来只在桌面平台运行的专业软件目前可能直接运行在浏览器的一个标签页中。除此之外，移动设备也成为使用最广泛的 Web 平台，而其受制于散热、续航和体积的限制，在性能上远没有桌面平台极致，与此同时，用户在大部分情况下对移动设备的体验要求还会更加苛刻。

从 SpeedCurve 的监控来看，过去一段时间以来，Twitter 首页对 CPU 的占用在逐步上升，如图 2-9 所示。

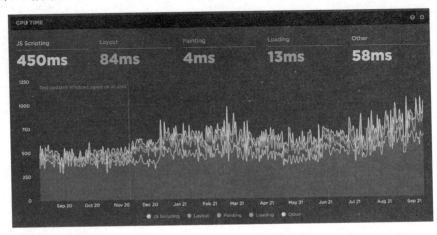

图 2-9　Twitter 首页对 CPU 的占用

前端应用复杂度的提高带来的影响并不是只与打开页面的速度有关，还包括用户在操作页面时感受到的流畅度，如滚动页面时是否跟手（即页面随着滚轮或手指同步移动），以及是否会出现明显的响应间隔（这种情况一般称为卡顿）等。

对流畅度的感受比页面打开速度的感受更加主观，如果说页面打开速度还可以靠录屏对比来确定加载速度，那么不同流畅度的区别在没有太大差距时甚至可能无法靠肉眼直接区分。同样，卡顿问题在一般情况下是难以稳定复现的，更加依赖机器本身的性能和网络延迟等其他因素。

度量流畅度的指标

一般来说，使用 FPS 来度量流畅度。所谓的 FPS（Frames Per Second，每秒传输帧数）又叫帧率，也就是每秒渲染的帧数。对于一个网页来说，达到 60fps 就会让用户感到非常流畅，如果显著低于这个值，那么用户可能就会感到卡顿。

在什么情况下页面会无法达到 60fps 呢？浏览器的 JavaScript 执行和页面渲染（其实还有 Layout）都是阻塞进行的，在页面执行 JavaScript 的过程中无法进行渲染。而从 60fps 可以推算，页面至少每隔 16.7ms 就需要渲染一次，否则就会出现丢帧。也就是说，当页面中执行了非常复杂的任务时，就有可能发生丢帧。

事实上，大部分页面都很难做到全程保持 60fps，但这不至于显著影响体验。如果 FPS 长期处在过低的值，用户感受到的卡顿就会非常明显。如果运行一个耗时极长的任务（如 10s），过长时间的丢帧就会让用户认为页面已经失去响应。

可视化工具

Chrome 的 DevTools 在 Performance 面板中就会提供 FPS 的概览，第 5 章会专门介绍。除此之外，Chrome Store 中提供了很多可视化监控 FPS 的插件（见图 2-10）。相比之下，可视化监控更简单直观，因此可以使用这些工具实时查看当前页面的 FPS。

图 2-10　Chrome Store 的 FPS 插件截图

用户端度量

解决自己机器上度量的问题以后，应该如何度量用户的机器的流畅度呢？

requestAnimationFrame

requestAnimationFrame 是一个浏览器 API，用于告知浏览器期望应在下次绘制前调用传入的回调函数，这样就可以持续在每帧前都执行一次 requestAnimationFrame，从理论上来说，在 60fps 的情况下每次执行的间隔大概为 16.7ms，读者可以自己动手体验。

```
(function() {
  let lastTime = 0;
  const measure = () => {
     console.log(Date.now() - lastTime);
     lastTime = Date.now();
     requestAnimationFrame(measure);
  };
  measure();
})()
```

由图 2-11 可以看出，间隔时间基本在 16ms 左右波动。

17
16
18
15
❷ 17

图 2-11　requestAnimationFrame 的时间间隔

假设过去渲染每帧所用的时间为 t，那么 1s 大致可以渲染 $1000/t$ 帧，虽然这个值作为当前的 FPS 不是很准确，但是统计 FPS 的均值大致是可靠的。

另一种思路是，可以认为出现超过固定间隔时间（如大于 100ms）的帧为卡顿帧，并统计卡顿帧占整体统计帧的比例。

由于统计流畅度需要频繁地进行，统计代码本身对性能的影响也需要注意，因此在必要的情况下可以针对少部分用户做抽样上报。

另外，这种度量方式存在一些边界情况需要处理，为了节约设备能源，现在的浏览器可能会主动降低帧率以适应屏幕的刷新率，这会导致 requestAnimationFrame 的执行间隔变长,同时在 iframe 或后台标签页中运行的 requestAnimationFrame 也可能会暂停。

Long Tasks API

上面的方式在大部分浏览器上都可以实现,但是每帧执行一次的测算逻辑会对页面的性能产生影响,并且浏览器出于节约性能的目的会限制 requestAnimationFrame 的运行。为了解决这些问题,Performance API 提供了一个辅助度量手段,即 Long Tasks API。

流畅度(或者说 FPS)降低的根本原因是 UI 线程被阻塞,而这种阻塞是由一些长时间未能完成的长任务导致的,如长时间的 JavaScript 任务执行或代价高昂的浏览器重绘、回流等。而使用 Long Tasks API 可以定位这些阻塞 UI 线程的长任务。

```
const observer = new PerformanceObserver(function(list) {
    const perfEntries = list.getEntries();
    for (let i = 0; i < perfEntries.length; i++) {
      // 处理 PerformanceLongTaskTiming 对象
    }
});
observer.observe( { entryTypes: ["longtask"], buffered: true } )
```

PerformanceLongTaskTiming 对象中包含的长任务的基本信息如下。

- startTime:长任务开始的时间(从 navigationStart 开始计算,单位是毫秒)。
- duration:长任务占用的时间,也是按毫秒计算的。
- name:目前总是 self,按照标准定义未来还存在其他值。
- attribution[0].name:目前只有 script,按照标准未来可能存在 layout 等值。

目前,Long Tasks API 在大多数浏览器中(截至 Chrome 93)还没有得到完整的实现,只能通过 Long Tasks API 得到 JavaScript 执行造成的长任务(一般大于 50ms 会被统计),但在大多数场景下这已经足够实用。

页面的流畅度并不总是一个需要开发人员关注的指标,大多数场景页面的复杂度还不至于对流畅度造成大的影响。但是,当流畅度出现问题时,或者当前场景对于用户来说是一个高频交互的页面,就可以通过一些指标来度量页面流畅度的整体状况。例如,对于一个无限滚动加载的长列表页面,随着用户的使用流畅度可能会越来越差,通过指标来度量用户在体验方面的变化有助于发现和解决这些问题。

虽然通过 requestAnimationFrame 的间隔时间推算帧率简单易行,但在实际使用过程中需要考虑做抽样采集及浏览器的省电策略等因素。在兼容性允许的情况下,Long Task API 是一个实用的辅助性指标。

2.6 Core Web Vitals

2.3 节和 2.4 节介绍了对首屏和流畅度的度量，选取度量指标时应具有明确目的，并且开发人员也应介入度量过程。但对于大部分场景来说，可能并没有一个明确要优化的对象，在这种情况下有没有通用的最佳实践来指导我们从整体上衡量用户的性能体验呢？

Google 给出的答案是 Core Web Vitals，即核心 Web 指标。Google 在诸多指标中选出了几个核心指标，让网站可以专注于这几个核心指标的优化。这几个核心指标分别是 LCP（Largest Contentful Paint）、FID（First Input Delay）和 CLS（Cumulative Layout Shift）。

之所以选择这 3 个指标，除了它们对用户体验的衡量具有代表性，还兼顾了容易度量（如在用户端通过 JavaScript 测算）和容易解释等特点。同时，为了鼓励更多的网站关注 Core Web Vitals，Google 也声明未来可能会将其作为影响 SEO 排名的重要因素。

除了制定标准，Google 还提供了一系列工具（如 LightHouse，以及在 DevTools 中集成 Core Web Vitals 等）和前端工具库（web-vitals）来辅助开发人员以更低的成本使用这 3 个指标。这 3 个指标的度量都可以直接使用工具库来完成。

LCP

LCP 度量的是首屏视图中最大的元素的渲染时间。

2.3 节介绍了 FCP 并不是一个很好的度量首屏的指标的原因，FCP 关注的是浏览器什么时候开始绘制内容，这个时候虽然有内容开始渲染，但是很可能并没有任何有意义的内容，有时候只有一个 loading 的等待加载界面而已。

如图 2-12 所示，以访问亚马逊官网的过程为例，大部分用户认为第一个几乎白屏（实际上展示了少量的文字）的页面不会是首屏，但它确实是 FCP，因为已经绘制了内容。

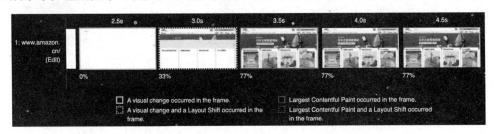

图 2-12 FCP 很多情况下不是有意义的首屏

笔者也推荐了一种简单的方式，即用关键逻辑时间测算 FMP，如重要图片的展示时间等。这种方式同样存在缺陷（尽管如此笔者还是推荐使用），即需要手动干预业务代码来实现关键逻辑时间的测算。Google 也曾经试图采用算法直接测算 FMP，但 FMP 本身是一个并不通用的主观指标，算法自动探测的结果并不理想，并且难以解释。

为了能够自动得到一个相对来说接近用户体感首屏，并且能够进行客观解释的时间点，LCP 应运而生。FCP 关注的是首次渲染的时间，而 LCP 关注的是页面上最大面积的元素渲染完成的时间。浏览器会持续探测页面中占用面积最大的元素，这个元素可能会在加载过程中发生变化（如出现了占用面积更大的元素），直到页面完全加载后，才会把最终占用面积最大的元素的渲染时间定为 LCP 探测的元素。例如，图 2-12 中的 3.5s 被判定为 LCP，还是比较接近用户体感首屏的。

如何选定元素

LCP 是根据占用页面面积最大的元素的渲染时间确定的，因此需要先确定哪些部分会被判定为元素。可能会被判定为元素的有以下几种。

- 图片。
- 内嵌在 svg 中的 image 元素。
- 视频的封面。
- 通过 url() 加载的 background image。
- 包含文字的行内元素（inline element）或块元素（block element）。

WebPageTest 提供的 LCP 的详细信息如图 2-13 所示。

图 2-13　WebPageTest 提供的 LCP 的详细信息

例如，从()[#lcp-detail]中可以看到，在如图 2-13 所示的页面中，最后被选定为 LCP 的元素是顶部的 banner（见图 2-14），在这种情况下，banner 加载完成的时间点就是 LCP。

图 2-14　选定为 LCP 的元素

如何确定面积

元素的面积主要是根据用户在页面中能够看到的元素的大小计算的。

- 显示到屏幕以外，或者被容器的 overflow 裁剪、遮挡的面积不计算在内。
- 文字元素的面积为包含文字的最小矩形的面积。
- 图片以实际<img/>组件的大小计算，而非原始图片的大小。
- CSS 设置的 border padding 等都不计算在内。

LCP 的度量

在页面完整渲染出来之前，浏览器其实无从判定哪个元素将是最后加载完成后占用面积最大的元素。为了解决这个问题，浏览器采取的方案是在渲染第一帧时就先选定一个占用面积最大的元素，报告一个 largest-contentful-paint 的 PerformanceEntry，在后续过程中持续追踪占用面积最大的元素是否发生变化，如果有新的占用面积最大的元素渲染完成，则继续用新的元素报告新的 largest-contentful-paint，并且持续这个过程。

在实际的页面渲染过程中，最主要的元素往往不是一开始就渲染好的。以上面的页面加载过程为例，整个页面的填充是一个渐进过程，这意味着在页面刚开始渲染的时候，最终占用面积最大的元素有可能还没有开始渲染。

LCP 是按照元素的渲染完成时间测算的，如果一个大的图片只是在面积上占用了最大的空间，但是并没有加载好，那么浏览器仍然会把当前的 LCP 元素指向另外一个较小但是已经渲染好的元素。

由于用户的交互也可能会改变页面上的元素，因此当用户在页面上进行交互后（包括点击、滚动等），浏览器就会停止报告 largest-contentful-paint。

从图 2-15 中可以看出，页面从没有内容到填充大部分面积是需要经过一段时间的，这意味着刚开始 LCP 的探测算法报告的可能是一些无关紧要的元素，即占用面积最大的元素可能还没有出现。而当新的占用面积更大的元素出现后，LCP 的探测算法会重新触发事件，如果需要上报 LCP，那么应该只上报最后一次得到的结果。

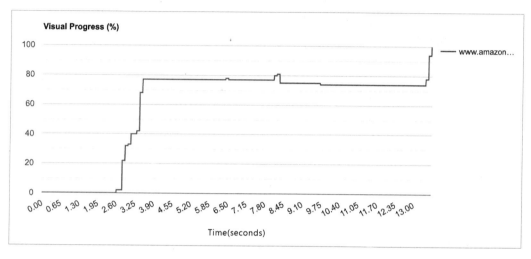

图 2-15　页面逐渐绘制完整的过程

在 JavaScript 中，可以使用 PerformanceObserver 来监听 largest-contentful-paint。

```
new PerformanceObserver((entryList) => {
  // 处理 PerformanceEntries，一般来说只有最新一条有意义
}).observe({type: 'largest-contentful-paint', buffered: true});
```

对 LCP 的度量不是获取最新一条 largest-contentful-paint 这么简单，还需要考虑前进/后退缓存、iframe 等。在实际生产环境中推荐使用 web-vitals 这个 JavaScript 工具库来度量 LCP。LCP 的推荐值是 75 分位数控制在 2.5s 以内。

LCP 具备以下几个优点。

- 更贴近用户体验的首屏。
- 可以自动测算。
- 可以解释。

但 LCP 也不是万能的，在一些方面仍然存在不足之处。

- 用户交互可能会干扰 LCP 的计算。
- 某些特殊的逻辑会打乱 LCP 的计算逻辑，如一个 splash screen（启动屏）可能会被计算为占用面积最大的元素，但如果把移除的元素从 LCP 中排除，那么轮播图又会被一起排除在外。

总体来说，LCP 作为一个不需要开发人员手动标注的首屏指标，在大多数场景下还是非常有效的。

FID

FID（首次交互延迟）度量的是从用户首次和网站进行交互到响应该事件的实际延时的时间。

FCP 度量的是用户访问页面时感受到的加载速度和渲染速度，对于一个现代网站来说，除了加载速度，响应速度同样重要。Core Web Vitals 优先关注用户首次交互时对于响应速度的第一印象，于是有了 FID 这个指标。之所以关心首次交互的延迟，除了第一印象很重要，还因为页面加载阶段往往最容易产生卡顿，大部分页面的主线程在此时都很繁忙。

如何判定首次交互

FID 度量的交互行为需要满足以下两个条件。
- 点击、触摸、按键等不包含滚动和缩放。
- 有绑定事件的行为，因为度量的是从用户交互到事件响应的耗时。

满足以上条件的交互行为会被浏览器识别为首次交互。

只度量绑定时间的行为并不代表不绑定时间的交互不会有延迟。实际上，即使是浏览器原生提供的交互（如<input />组件的输入行为）在主线程阻塞时同样会延迟。

为什么会产生 FID

其实，确定度量的方法后，理解这种交互延迟的来源就很容易。下面对一个组件设置 click 事件监听。

```
button.addEventListener('click', () => {
    // click handler
});
```

当用户点击这个按钮时，click 事件监听可能会立即被触发，但实际上浏览器中的 JavaScript 很容易被阻塞。如果此时主线程正忙于其他的事情（如 Layout、渲染，或者执行长时间的 JavaScript 任务），那么这个事件的处理就会延迟，这就是 FID 延迟的原因。

在页面加载阶段，大量资源正在被加载、处理，JavaScript 往往正在执行渲染页面大块内容等繁重任务，此时主线程更容易被阻塞，所以更容易产生交互延时。

如何统计 FID

和 largest-contentful-paint 类似，浏览器也会抛出一个 first-input 的 PerformanceEntry，而统计其耗时也需要考虑 iframe、缓存等的影响，所以笔者推荐使用 web-vitals 进行度量。

和其他指标不太相同的是，FID 依赖用户端的行为，如果用户完全不交互则统计不到，而交互的时机也影响延迟的值。

推荐值

FID 的推荐值是 75 分位数控制在 100ms 以内，但用户在做出诸如点击这样明确的交互行为后仍然迟迟得不到响应，就会导致极差的体验，因此笔者推荐在 FID 这个指标上选取 90~95 分位数，以减少体验糟糕的用户。

CLS

CLS 度量的是页面产生的连续累计布局偏移分数。

在性能优化过程中，经常采用懒渲染[1]等方式动态填充页面的内容，或者异步加载一些字体、图片等。这样做是为了具备更好的性能，从而带来更好的用户体验。然而这种布局不稳定，可能会破坏用户的确定性。例如，当用户要点击一个按钮时，突然一个懒加载[2]的组件撑开了内容，就会导致用户的误点击。

布局偏移往往只是在页面加载过程中一闪而过，用户很难精确定位到问题是否存在，CLS 就用于度量这种问题。

如何定义布局偏移

有一个叫作 Layout Instability 的标准提案定义了布局偏移，当页面中一个可见元素的起始位置发生变化时，就会触发 layout-shift 的 PerformanceEntry，而这个元素也被定义为不稳定元素。

元素的删除和增加并不会触发布局偏移，但前提是不能导致其他元素的起始位置发生变化，这也是在做懒加载、懒渲染时需要规避的。

---

[1] 懒渲染，即延迟渲染，是指有意将非关键元素的渲染过程推迟至需要的时候，是一种缩短页面渲染时间的策略。
[2] 懒加载，即延迟加载，是指将一些非关键资源标识为非阻塞资源留待需要时加载，如延迟至出现滚动条和导航等用户交互时再加载，是一种缩短页面加载时间的策略。

偏移值算法

具体的偏移值算法由以下两点决定。

- 不稳定元素影响的可视区面积占比。
- 不稳定元素移动的最大距离/可视区维度（宽度或高度）。

偏移值的计算公式为布局偏移分数 = 面积分数 × 距离分数。

具体的计算方法并不是本书的重点，所以这里不详细介绍，想要了解更多细节的读者可以参考 Google CLS 的相关文档。

如何定义连续累计

CLS 计算的并非页面整个周期的偏移分数之和，而是累计值最高的连续布局偏移。连续布局偏移是指在偏移窗口中连续发生的偏移，每次偏移相隔的时间小于 1s，并且整个窗口的最大持续时长为 5s。

这样做是因为一次页面结构的突然改变并非某个元素的位置改变，而是一系列元素的位置在短时间内大量改变。

预期内的偏移

在某些情况下的布局偏移是符合预期的，如当用户选择了某种登录方式后再展开一个登录界面让用户通过输入进行登录。在大多数情况下，这种偏移是由用户交互触发的，所以，在用户输入行为产生后的 500ms 内发生的布局偏移会携带 hadRecentInput 属性，以便在计算时被排除在外。

如果用户在交互后仍然需要一些异步任务（如网络请求）才能进行偏移，那么最好能够提前占好空间并且显示一个 loading 状态，从而让用户有心理预期。

另外，也可以通过合适的动画效果，平滑地让偏移过渡到最终状态，出于这个原因，使用 CSS 的 transform: scale()和 transform: translate()不会触发布局偏移。

如何统计 CLS

CLS 的统计相对前两个指标更加复杂，主要体现在以下几个方面。

- 在统计过程中需要计算偏移窗口。
- CLS 的计算需要经过页面完整的生命周期，浏览器在卸载页面时再计算上报可能会来不及。
- 页面可能打开长达几天甚至几个月。

和上面两个指标一样，笔者推荐使用 web-vitals 进行度量。

CLS 的推荐值是 75 分位数控制在 0.1 以内。

2.7 小结

本章主要介绍了度量对于性能优化的必要性，以及在不同场景下如何选择合适的度量指标。

Performance API 对于建立度量真实用户端性能的监控是必不可少的，本章只介绍了最核心的部分，但这足够计算出用户的首屏。后面会逐步介绍 Performance API 更多强大的功能。

针对用户端性能数据的度量，除了数据的上报，还需要一些基本的统计手段。均值虽然是最容易实现的统计指标，但是并不具备直接的现实意义，并且在很多情况下无法很好地体现用户端的整体性能水平。如果一定要采用均值，则需要依据经验去除极值。相比之下，分位数在条件允许的情况下更适合用于度量用户端的性能水平，90 分位数达到 1s 表示 90%的用户端的首屏渲染时间都在 1s 以内。

除此之外，本章也介绍了首屏和流畅度的度量，以及 Core Web Vitals。如果读者还不明确要优化的具体指标，但是期望能够找到一种方式全面地衡量用户的性能体验，那么 Core Web Vitals 是非常值得尝试的最佳实践。

度量的重要性再怎么强调也不为过。要优化性能，首先要做的就是通过各种度量手段对当前页面的性能有全面的了解，通过度量数据了解用户的真实性能后，才能进行有效的优化。笔者把"度量"放在第 1 章之后，正是为了强调这是性能优化的第一步。

第 3 章
分析

第 2 章介绍了度量性能的重要性，现在可以使用数字指标来量化用户实际感受到的性能。然而使用这些指标只能判断页面当前的体验是否达标，很难直接指出性能问题出在什么地方，应该如何做才能优化性能。

举例来说，假设用 LCP 度量页面的渲染性能，在一个页面某日所有的用户访问中，LCP 的 75 分位数是 10s，这是一个不达标的数字，说明这个页面的首屏性能无法让用户满意。然而从这个指标中看不出根本问题出在哪里，是 LCP 的元素（假设是一张图片）加载耗时太长？还是服务器响应时间过长，用户的浏览器隔了很久才得到页面内容？或者是引用的第三方资源导致加载太慢，阻塞了用户的页面加载？

可以看到，不同的原因导致的性能问题在表现上可能是一样的。例如，后端页面响应慢或加载的图片没有压缩裁剪，都可能会导致 LCP 的时间很长。因此，需要根据能够获取的所有信息推断出真正导致性能问题的主要原因。

这种通过种种现象和数据表现找出出现性能问题的根本原因的方法，就是性能分析。性能分析主要分为以下两种方式。

- 实验室分析：主要是指在用户的机器或测试机器上，通过单点测试分析页面的性能状况。
- 数据分析：主要是指通过 Performance API 在用户端采集与上报的性能信息来分析和

推测问题。

实验室分析的主要手段是使用各种本地或线上的分析工具,涉及分析方法的部分并不多,而笔者打算先介绍优化方法,所以实验室分析的内容放在本章最后介绍。

另外,分析和度量一样,在大部分情况下无法通过实验室环境的单点测试来判断大部分线上用户端的性能状况。因此,需要从线上用户上报的有限的性能信息中找到出现问题的原因,这更依赖于一些数据分析的方法。

第 2 章通过 Performance API 在用户端计算出了一些性能指标,并且在上报后做了一些简单的统计,如均值、分位数等。

和度量一样,分析需要依赖数据指标。但度量和分析也有不同之处,度量指标一般更加关注用户的最终感受,分析指标则更加关注通过数据指标反映过程。相比于度量指标直接反映页面性能,过程指标只是对某个时间段进行衡量,由于链路更短并且更加简单(如只统计图片加载时间),因此使用过程指标能够判断每个阶段的表现是否符合预期要求。

3.2 节会介绍一些常用的过程指标,并通过一些例子来介绍如何用分析方法和过程指标来定位问题。虽然标题叫作数据分析,但是并不涉及太高级的数学工具,大部分工具是比较简单且易用的。

3.1 分析方法

为了从数据中找到出现性能问题的原因,可以使用以下分析方法。

确定目标

度量不可能衡量用户所有的感受,所以需要经过权衡后选择合适的度量指标。分析也是这样的,需要确定一个最终目标,如找到对 LCP 影响最大的因素、找到某个页面的 FCP 突然增加的原因、分析 API 请求为什么需要到 1600ms 才完成。

目标要尽可能明确和清晰,才能避免在分析过程中迷失方向。

收集数据

既然要从数据中分析问题所在,就需要把用于分析的数据进行收集和上报。第 2 章介绍了通过 Performance API 来度量一些关键指标并且上报的方式。在分析中,需要使用

Performance API 的更多功能来采集详细的性能信息。

这里先介绍具体的分析方法，对于 Performance API 和分析阶段的数据采集，在分析方法之后再做介绍。

清洗数据

收集的数据往往不能直接使用，由于用户运行的环境不受控制，因此数据中往往包含大量的无效值、空值、零值等。

例如，部分用户的浏览器不兼容 Performance API，极少数较差的网络环境导致页面加载特别慢，甚至部分浏览器因为实现问题导致上报存在明显的错误值。为了解决这些问题，建议在上报阶段就把能够识别出的异常值做特殊处理，上报成明显易于处理的值，如在 Performance API 出现不兼容时上报 -1，以便在进行具体的数据分析前清洗异常值和极值。

第 2 章提到了去除极值，由于大部分情况下的数据分析都是围绕改善某个度量指标展开的，因此在实际场景中度量和分析阶段的数据清洗逻辑保持一致是非常重要的，如果在度量统计中过滤了某些异常值，那么在分析的数据清洗阶段最好也这么做，反之亦然。

统计值分析

统计值分析也叫描述性统计，简单来说，就是先把各种能够得到的数据指标的统计值（如均值、中位数等）一一列举出来，然后观察其特征。

例如，当分析一个页面的 API 加载完成时间均值为什么特别大时，可以获取其 API 加载的开始时间、API 请求本身的耗时。把这些指标的统计值（如均值）都放在表格中，通过直接观察就能得出一些结论。

例如，由图 3-1 可知，从页面加载到发起请求的时间很长。沿着这个思路可以继续分析更多细节的阶段性指标，直到某个足够细致的阶段耗时仍然异常地超出预期，就可以认定问题大概率出现在这个阶段。

时间段	耗时
页面加载到发起请求的时间	800ms
请求本身的耗时	300ms
页面加载到请求结束的时间	1100ms

图 3-1 不同指标的统计值分析

这种基于单个指标的统计值来分析的方法的优点是非常简单，可以用比较低的成本分析大量指标的统计值，缺点是只能通过经验值大概判断数据是否符合预期，如果值不是特别异常，就难以从统计值中直接看出端倪。

时序分析

时序分析也是相对直观的一种分析方式。由于性能数据是随着时间变化的，在统计值分析的基础上，可以观察随着时间的变化统计指标发生了哪些变化。

通过对随着时间的变化性能指标发生的变化进行分析，能够捕捉到由变更（如发布等）造成的影响。例如，当性能出现劣化时，通过分析不同指标的变化状况，并结合性能变化的时间段发生的各种线上变更，就可以找到性能劣化的可能原因。

例如，同样是上面的问题，但是把性能数据按照天的维度做聚合，就会得到一组数据，如图 3-2 所示。

天	页面加载到发起请求的时间 /ms	请求本身的耗时 /ms	页面加载到请求结束的时间 /ms
2021-09-01	200	300	500
2021-09-02	210	305	515
2021-09-03	800	302	1102
2021-09-04	810	290	1100
2021-09-05	790	300	1090

图 3-2　按照天的维度聚合的数据

在这种情况下，随着时间的推移，页面加载到发起请求的时间在 9 月 3 日突然大幅度增加，从 200ms 左右增加到 800ms 左右，而请求本身的耗时基本上没有什么波动。据此可推测出现性能问题的原因——在从页面加载到发起请求的过程中，有一些外在条件发生了变化（如有线上变更修改了相关的代码逻辑），导致这段时间被明显地拖长。

在时序分析中，为了更加直观地看到问题，还可以采用一些简单的统计图表，如绘制折线图，如图 3-3 所示。

即使读者对数据不太了解，也能看出请求发起前的耗时的增加和整体耗时的增加直接相关。在性能分析中折线图是常用的图表之一，在很多场景中会用到。

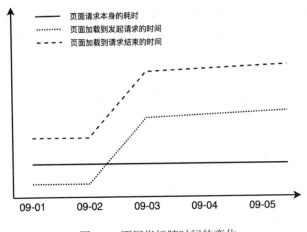

图 3-3 不同指标随时间的变化

维度分析

如果按照时间段聚合数据进行对比，就可以看到统计数据随着时间的变化而变化。这种可以把数据分类聚合的维度并不是只有时间，在性能分析中，除了时间这个特殊的维度，还有一些常见的数据聚合维度，典型的有以下几个。

地域

不同地域的性能状况往往有比较大的差异，尤其对于国际化场景来说，不同国家的网络状况不同，CDN 节点或服务商不同，在多地部署的情况下后端对应的机器集群也不同。将不同地域的设备性能进行对比，可以发现某些特定地区出现性能异常，从而定位到和地域相关的性能问题，如由多地部署带来的跨机房调用耗时等。

优化手段

有些优化手段未必能让所有用户受益，如预加载往往只能让部分用户体验到明显的性能提升，而来不及预加载的用户就无法享受这种优化带来的性能改进。在这种情况下，优化手段是否生效本身也就成为一种分析维度，可以帮助我们进一步判断是优化生效后的效果不及预期，还是虽然优化效果很好，但是只有少部分用户享受到了优化，从而需要提高命中率。

浏览器

同一种优化手段对于不同浏览器的效果未必相同。例如，在部分旧版本的浏览器上是不支持 WebP 的，部分业务逻辑在不同浏览器上的实现本身也可能存在差异。如果可以把不同版本浏览器的数据聚合后再对比，就能明显从相关数据上发现异常。

操作系统

操作系统的差异在移动端更加明显，因为移动端的设备的性能差异比较大，更重要的是，页面运行环境（如 App）在 iOS 端和 Android 端的逻辑在大多数情况下就是存在一些差异的，如客户端 API 的实现不同，以及网络库、图片库的策略不同等。通过对比不同操作系统的性能有助于发现其中的性能问题。

例如，将操作系统作为其中一个维度进行分析，如图 3-4 所示。

时间段	iOS 端耗时	Android 端耗时
页面加载到发起请求的时间	300ms	900ms
请求本身的耗时	200ms	220ms
页面加载到请求结束的时间	500ms	1120ms

图 3-4　不同操作系统下的性能数据

由此可以推测，Android 端的逻辑存在的问题导致发起请求的时间过晚，可以把问题的定位范围缩小到对比 Android 端和 iOS 端在发起请求前那个阶段的差异，从而进一步排查 Android 端的运行容器在发起请求前是否存在异常的耗时。

当然，一般来说 Android 端的整体性能比 iOS 端的更差一些，在这种情况下可能还会人为地再创造一些维度来进行分析。例如，把性能相对接近的高端机型放在一起统称为高端机，把性能明显较差的机器归类为低端机。技术特性也可以作为一个维度，例如，对于某项重要的资源，命中缓存和未命中缓存就可以作为一个维度来归类数据，并观察命中缓存和未命中缓存的用户端各自的性能。

进行维度分析可以从数据中获得更多的信息，本来只知道用户发起请求的时间，而加入维度分析后，可以知道 Android 端用户发起请求的时间、iOS 端用户发起请求的时间、未命中缓存的用户加载时间，以及命中缓存的用户加载时间等。这些新增的信息有助于发现数据中的异常。例如，如果命中缓存的用户加载时间比未命中缓存的用户加载时间更长，我们就能快速意识到这种现象的反常并且定位问题。

相关性分析

有时候我们期望找出一些因素的关联性，并判断其关联是否显著。下面仍然用 API 加载耗时举例，接口的传输容量从原理上来看会影响接口的传输速度，从而影响整体的 API 加载耗时。但是这种影响在真实的场景下究竟有多大？多大的 API 体积是可以接受的？

根据经验得出这个结论有点强人所难，因为 API 本身的服务器端 RT、是否有缓存、缓存机制、用户机器等因素都会影响最终的结果，此时可以用线上的实际数据，根据不同的 API 加载耗时和 API 体积绘制散点图。如图 3-5 所示，横轴表示 API 体积（单位为 KB），纵轴表示 API 加载耗时（单位为 ms）。

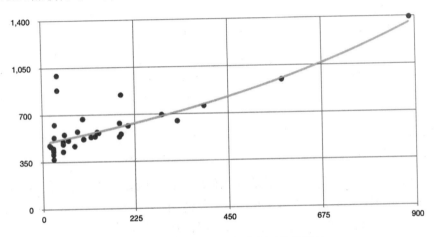

图 3-5　API 体积和 API 加载耗时的相关性

可以看出，API 体积和 API 加载耗时呈现出一定的相关性。如果期望把 API 加载耗时控制在 700ms 以内，就应该把 API 体积尽量控制在 230KB 以下。

需要注意的是，这里的相关性并不代表因果，如 API 体积大也许是因为信息传输容量大的 API 本身的服务器端耗时更长，不同的 API 响应逻辑可能本来就不相同，在这种情况下如果只是单纯通过某种方式减小体积，则未必会对性能产生多大的影响。另外，这里的相关性分析比较粗糙，一般只能在相关性比较显著的情况下观察到结果。

3.2　常用的过程指标

第 2 章介绍了用于度量首屏的指标，但大部分都是用户体验视角的指标。除了这些用户体验视角的指标，还有很多其他过程指标，如 DOMReady、TTFB、Load 等。前面没有详细探讨这些过程指标，只说明使用这些指标无法可靠地衡量页面的整体性能，其实这些过程指标在性能分析中是不可或缺的。

本节会详细介绍一些常用的过程指标，如何收集它们，以及它们对于性能分析的作用。其中既包括一些有明确定义的指标（如 TTFB），也包括一些笔者认为有意义的指标。

TTFB

TTFB（Time To First Byte）是指客户端从发起请求到接收到服务器响应的第一个字节的时间，是反映网站性能的重要指标。与网页的下载时间相比，TTFB 不受传输容量、网络带宽的影响，一般来说能够更好地反映服务器端的性能。

上面提到的"从发起请求到接收到服务器响应的第一个字节"会让人感觉有一些模糊，更加准确地说，TTFB 是在完成 DNS 查询、TCP 握手、SSL 握手后发起 HTTP 请求报文到接收到服务器端响应报文的第一个字节的时间差。

在 Chrome 的 DevTools 中经常可以看到 TTFB 这个指标，如图 3-6 所示。

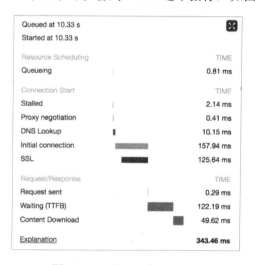

图 3-6　DevTools 中的 TTFB

TTFB 是一个非常重要的网站性能指标，能够在前端比较客观地反映后端的耗时。但是浏览器在 First Byte 是无法渲染出任何东西的，所以用 TTFB 来侧面衡量网站的后端耗时不代表 TTFB 越短越好。在有些场景下，有些优化手段会使得 First Byte 更晚一些，如在服务器端缓冲一部分内容后再开始传输，这个时候 TTFB 作为一个侧面印证的指标就不再那么精确，读者不需要过于纠结。

DOMReady 和 Load

DOMReady 和 Load 是另外两个在 Chrome 的 DevTools 中常看到的指标（DOMReady 其实也就是 DOMContentLoaded），在页面的 Network 面板中就能看到，如图 3-7 所示。

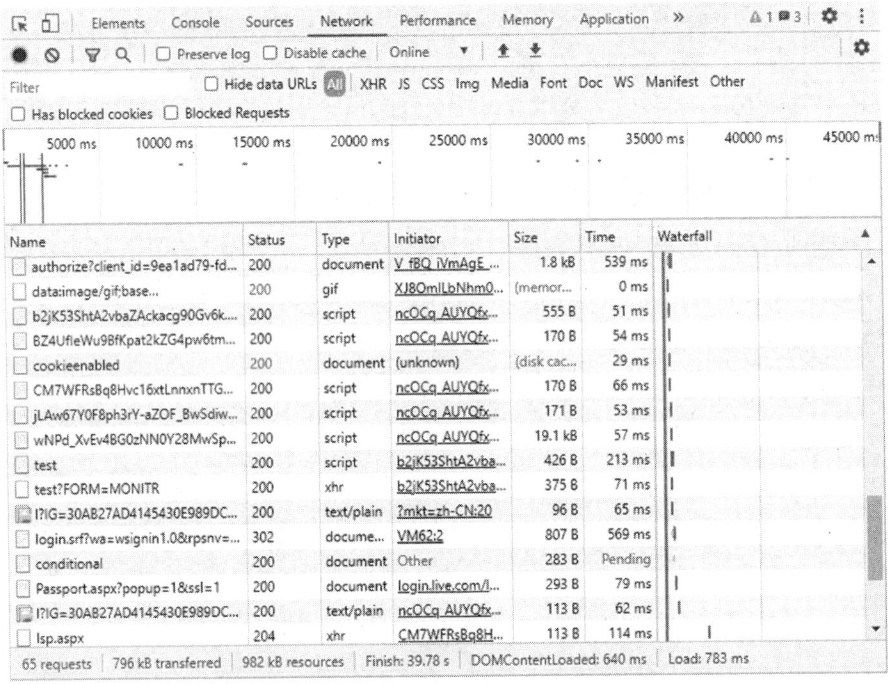

图 3-7 DevTools 的 Network 面板中的性能指标

如果读者具有 Web 开发经验，那么应该了解这两个事件名，并且在 JavaScript 中也可以监听这两个事件。

```
window.addEventListener('DOMContentLoaded' | 'load', () => {});
```

事实上，在进行性能分析时可以把它们作为两个关键的参考指标。

DOMContentLoaded

DOMContentLoaded 指的是页面解析及阻塞资源加载完毕的时间点，阻塞资源包括页面中没有 async/defer 的 JavaScript 脚本和 CSS 样式。在这个时间点后就是 defer 的 JavaScript 开始执行的时机。

虽然 DOMContentLoaded 和页面的首屏性能并没有直接联系，但是可以通过这个指标从侧面观察到这个阶段为止的加载时间，阻塞资源的加载往往有可能影响首屏的加载。

Load

与 DOMContentLoaded 相比，Load 的时机要晚很多，是页面资源完全加载好的时间点。与 DOMContentLoaded 相比，不仅仅是 async/defer 的资源，其中动态发起的资源和接口请求也都会推迟 Load 的时间，页面上的图片也会，会将其推迟至网络第一次进入空闲状态。

因此，Load 的时间往往很晚，和首屏同样没有直接联系。

3.3 Performance API 详解

2.1 节初步介绍了浏览器的 Performance API，讲解了如何获取页面开始加载的时间和当前的相对偏移时间等。

事实上，Performance API 提供的功能远远不止这些，在分析中需要获取更多细节的性能信息，并且有时可能需要构造出一些针对特定场景的指标，在浏览器端获取这些和性能有关的信息几乎都需要依赖 Performance API，所以本节相对完整地介绍 Performance API。

Navigation Timing API

Navigation Timing API 指的其实就是 performance.timing，如图 3-8 所示。

```
> performance.timing
< ▼ PerformanceTiming {navigationStart: 1611484712884, unloadEventStart: 1611484714429, unloadEventEnd: 1611484714429, redirectStart: 0, redirectEnd: 0, …}
    connectEnd: 1611484713726
    connectStart: 1611484712888
    domComplete: 1611484716231
    domContentLoadedEventEnd: 1611484715171
    domContentLoadedEventStart: 1611484715168
    domInteractive: 1611484715168
    domLoading: 1611484714444
    domainLookupEnd: 1611484712885
    domainLookupStart: 1611484712885
    fetchStart: 1611484712885
    loadEventEnd: 1611484716234
    loadEventStart: 1611484716232
    navigationStart: 1611484712884
    redirectEnd: 0
    redirectStart: 0
    requestStart: 1611484713727
    responseEnd: 1611484714459
    responseStart: 1611484714411
    secureConnectionStart: 1611484712888
    unloadEventEnd: 1611484714429
    unloadEventStart: 1611484714429
  ▶ __proto__: PerformanceTiming
```

图 3-8 performance.timing 的值

Navigation Timing API 提供了一组页面性能相关的时间点，这些时间点以 navigationStart 为原点。

具体的时间点可以参考图 3-9，除了 navigationStart，还有 domainLookupStart（开始域名查询的时间）、connectStart（开始建立连接的时间）等。

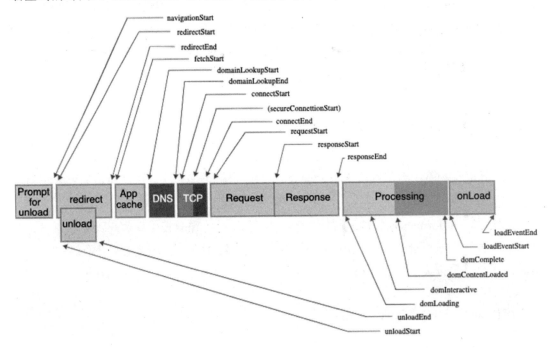

图 3-9 Navigation Timing API 模型

Navigation Timing API 存在以下几个问题。

- 没有使用高精度时间，而非高精度时间在 2.1 节已有介绍，其主要是精度较低或容易因为客户端系统时间改变而受到干扰。
- 可拓展性较差，刚开始时 Performance API 中只包含一些关键时间点，所以用一个对象的属性值就能完成描述。如果需要的信息越来越多，以及部分性能信息只需要在关注的时候才获取，那么在这个对象上不停地添加新的字段显然会使其过于臃肿。

所以，有了 Performance Entry API，Navigation Timing API 就升级为 Navigation Timing API Level 2，并作为 Performance Entry API 的一部分。而原来的 Navigation Timing API 作为 Navigation Timing API Level 1 已经被废弃。

Peformance Entry API

Navigation Timing 提供了页面加载等性能相关的信息，但和性能相关的信息远不止这些，为了提供更多详细的信息，如某个资源文件的加载耗时、传输容量等，浏览器提供了 Peformance Entry API。

performance.getEntries()

Peformance Entry API 的主要 API 是 performance.getEntries()，可以获取页面中所有与资源加载相关的性能信息，包括针对这个资源具体的加载时间线（见图 3-10）、实际解码后的体积和传输容量等。

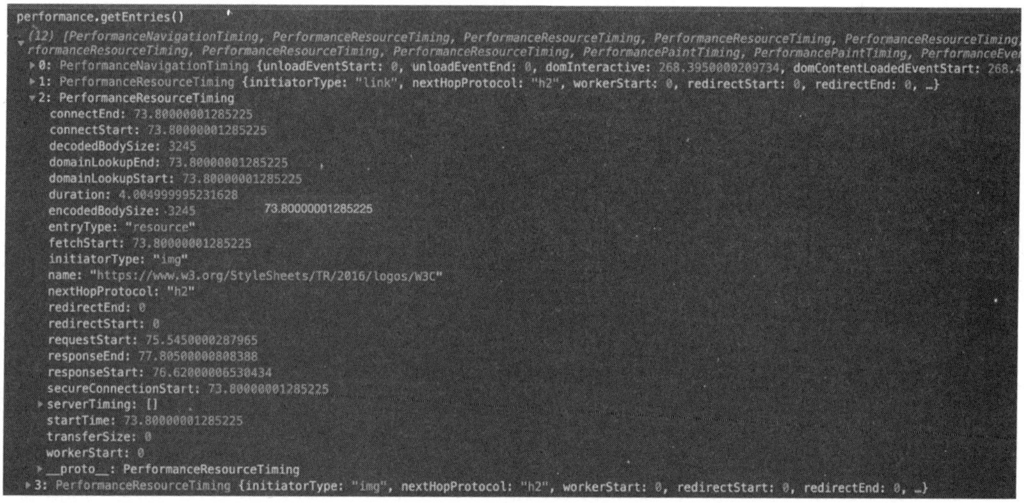

图 3-10　Resource Timing 的值

Peformance Entries 不仅包含资源加载的性能信息，还包含 Element Timing、First Paint 和 First Contentful Paint 等信息。事实上，Performance API 的新提案基本上都构建在 Peformance Entry API 的基础上。

performance.getEntriesByType()

可以使用 performance.getEntriesByType()获取某个特定类型的 Performance Entry 列表。
performance.getEntriesByType()返回的 Performance Entry 的类型有以下几种。

- navigation。
- resource。

- mark。
- measure。
- paint。
- frame。

performance.getEntriesByName()

可以使用 performance.getEntriesByName()根据 name 获取 Performance Entry 列表，在某些已经知道确切 name 的场景下比较方便。

例如，可以通过如下方式获取 first-paint 的 Performance Entry。

```
performance.getEntriesByName('first-paint')[0]
```

需要注意的是，Performance Entry 的 name 是允许重复的，所以通过这个 API 得到的仍然是一个列表。

PerformanceObserver

使用 performance.getEntries 等方法获取性能信息的前提是对应的 Performance Entry 已经产生，如对应的资源加载已经完成、页面已经完成渲染等，在加载资源前是获取不到任何其加载的性能信息的。

为了能够判断相应的时机，可以用浏览器提供的 PerformanceObserver 来监听 Performance Entry 相关的事件。

```
const observer = new PerformanceObserver((list, observer) => {
  // 处理 resource 事件
  const entries = list.getEntries();
  entries.forEach(entry => {
  // 处理 Performance Entry
  });
});
observer.observe({entryTypes: ['resource']});
```

这样，当有对应的 Performance Entry 加入列表时，会通知对应的 Observer 来处理。

Resource Timing

Resource Timing 是基于 Performance Entry API 构建的针对资源相关信息的 API，可以从中获得加载某个具体资源的相关信息。

加载时间

使用 Resource Timing 可以获取每个资源详细的加载时间，如 Redirect、DNS、TCP 等，如图 3-11 所示。

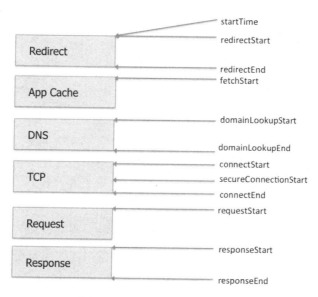

图 3-11　Resource Timing 模型

容量信息

资源的传输容量也和性能息息相关，所以 Resource Timing 还提供了一些和传输容量相关的属性，具体如下。

- decodedBodySize：解压缩后的体积。
- encodedBodySize：压缩后的体积。
- transferSize：传输的容量，若该值为 0 则表示从缓存加载，故传输容量为 0。

Navigation Timing Level 2

Navigation Timing Level 2 是 Navigation Timing API 的新版规范，主要基于 Performance Entry API，并且支持高精度时间。后续新的一些有关 Navigation Timing 的规范都会在这个规范的基础上进行演进。

正如上面所说，Navigation Timing Level 2 这样的新版规范同样构建在 Resource Timing

的基础上，可以通过如下方式获取和页面导航相关的性能信息。

```
performance.getEntriesByType('navigation')
```

由图 3-12 可以看出，Navigation Timing Level 2 中没有 navigationStart，取而代之的是 startTime（其实就是 0），而其他属性不再以 navigationStart 为偏移值，而是以 startTime 为偏移值。

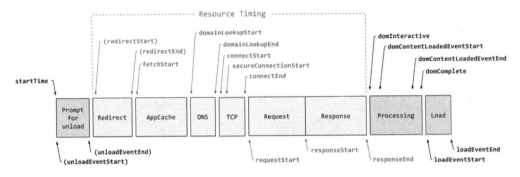

图 3-12　Navigation Timing Level 2 模型

Navigation Timing Level 2 的兼容性可能还存在问题，建议在前端使用此 API 采集性能数据时做好兼容性处理，在不支持的情况下降级到 Navigation Timing Level 1。

Paint Timing

Paint Timing 提供和页面绘制相关的性能信息，其 Performance Entry 的类型为 paint。FP、FCP 等值就可以使用 performance.getEntriesByType('paint') 来获取，Paint Timing 的值如图 3-13 所示。

图 3-13　Paint Timing 的值

User Timing

上面介绍的大多是浏览器本身提供的性能信息，但在实际开发中，对于很多时间点或时间段，浏览器并不理解。例如，当引入一个比较大的组件，并且打算对引入这个组件的耗时进行度量时，就需要使用一种方法告知浏览器这段耗时的实际意义。

时间点

performance.mark()是用于标记某个时间点的方法，如标记开始加载和加载完成的时间点。

```
// 标记开始加载
performance.mark('load-component-start');
import('component').then(comp => {
  // 标记加载完成
  performance.mark('load-component-end');
});
```

标记后生成对应的 name，以及 entryType 为标记的 Performance Entry，可以采用如下方式获取所有已经标记的时间点。

```
performance.getEntriesByType('mark')
```

时间段

在更多的情况下，需要度量的是一段时间的时长，使用 performance.mark() 标记了若干时间点后，就可以使用 performance.measure() 度量两个时间点之间的差值。同样，这次度量会产生一个对应的 Performance Entry。

```
// 标记开始加载
performance.mark('load-component-start');
import('component').then(comp => {
  // 标记加载完成
  performance.mark('load-component-end');

  // 度量加载耗时
  performance.measure('customTiming',     'load-component-start',     'load-component-end');
});
```

这样就会得到一个类型为 measure 的 Performance Entry。另外，在 DevTools 的 Performance 面板中，可以看到度量的时间段，如图 3-14 所示。这在分析火焰图时非常有用。

至此，本节进一步介绍了 Performance API 的功能，以及如何获得页面导航相关的性能信息和资源加载相关的信息等。Performance API 的功能远不止这些，但是目前介绍的部分基本上能满足我们的需求。想要进一步了解的读者可以直接参考相关的 MDN 文档。

图 3-14　DevTools 中的时间段

3.4　分阶段性能分析

3.1 节介绍了对不同阶段的性能指标进行分析的方法，为了做到这一点，需要观测更多不同阶段的过程指标来获得更多信息，所以可以借助 Performance API 在前端采集更多有效的信息。

涉及 Navigation Timing 部分的 API 统一基于 Navigation Timing Level 2（如[](#navigation-timing-model)）进行介绍，在不支持的浏览器中需要进行降级处理。

常用的指标

常用的指标有 FP、FCP、DOMContentLoaded、TTFB、Load 等，这些常用的指标基本上都可以通过 Performance API 直接获取或推算。

```
// First Paint 和 First Contentful Paint 可以通过 Resource Timing 直接获取
const FP = performance.getEntriesByName('first-paint')[0].startTime;
const FCP = performance.getEntriesByName('first-contentful-paint')[0].startTime;

// DOMContentLoaded 和 onload 可以通过 Navigation Timing 直接获取
const DOMContentLoaded = performance.getEntriesByName('navigation')[0].domContentLoadedEventStart;
const onload = performance.getEntriesByType('navigation')[0].loadEventStart;

// TTFB 其实是 responseStart - fetchStart 的时间
const navigationTiming = performance.getEntriesByType('navigation')[0];
const TTFB = navigationTiming.responseStart - navigationTiming.fetchStart;
```

其他值得分析的指标

除了上面提到的常用的指标，还有一些相对来说没有被广泛使用的指标也值得我们关注，如 DNS 查询耗时和 TCP 连接耗时。

```
// DNS 查询耗时
const dnsTime = navigationTiming.domainLookupEnd - navigationTiming.domainLookupStart;

// TCP 连接耗时 + SSL 握手耗时
const connectTime = navigationTiming.connectEnd - navigationTiming.connectStart;
```

之所以把 DNS 查询耗时和 TCP 连接耗时放在一起，是因为一般情况下在优化这两点的时间上能做的其实不太多，但是它们都和同一个因素高度相关，即连接复用率。当 DNS 查询耗时和 TCP 连接耗时都等于 0 时，可能是因为这一次请求直接复用了已经存在的 TCP 连接。因此，可以通过预解析、预建连、尽可能复用连接的方式来提高连接复用率。

这里只列举了一些相对比较常用的分析指标，不同场景可能还会有一些特定的指标，在后面的具体案例中会详细介绍。

3.5 小结

本章主要介绍了进行性能分析的一些主要手段。以往要做分析，我们可能会打开页面分析其构成，或者使用 DevTools 等工具分析性能的瓶颈等，这种实验室分析的方法往往成本较低，并且能提供比较充足的信息。然而对于生产环境的性能问题，单纯使用实验室分析往往难以找到正确的优化方向。由于性能问题难以复现，在用户端性能表现并不好的页面，在实验室环境（往往是开发人员的计算机上，或者运行性能诊断程序的服务器上）中可能并没有大问题，因此难以仅凭借这种方式定位到线上的性能问题。

同度量一样，想要真正解决线上用户面临的性能问题，需要从线上的性能数据入手，如观察某阶段性能数据随着时间的变化，把原因锁定在与这个阶段相关的性能问题上；通过对比不同操作系统的性能差异，可以从差异中寻找可能存在的性能优化空间等。

第 4 章
实验

提到 Web 性能优化，很多人都会想到"雅虎三十五条优化军规"，里面列举了一些优化 Web 性能需要遵守的规则，很多人对于性能优化的理解就是把这些固定的规则一条条地套用在页面上。

然而，在实践中，遵守这些规则并没有为整体性能带来很大的改观，也不是直接按照一个清单适配一遍页面的性能就可以。更有甚者，有些以前总结的规则随着技术的升级已经失去了原有的意义。

例如，在 HTTP/1 时代，为了规避浏览器单域名 TCP 并发连接数量限制（一般浏览器限制在 6 个左右），通常把页面上的某个域名的请求拆分到不同的域名上，如 a01.mycdn.com、a02.mycdn.com 等，从而增加请求并发量。而在 HTTP/2 时代，请求并发已经不再需要同时建立大量的 TCP 连接，域名拆分反而带来了额外的域名解析和建连成本，成了负向优化。

技术的发展日新月异，生产环境的各种条件错综复杂，如果只是照搬别人总结好的规则，而不理解这么做的原因及对性能产生的真正影响，就无异于刻舟求剑。

4.1 优化不是照搬军规

在《禅与摩托车维修艺术》中,主角的朋友对如何修理摩托车一窍不通,遇到问题只会照搬手册。下面是他们在维修摩托车时的一段对话:

"它没有理由发动不起来。这是一台全新的摩托车,而且我也完全按照手册上说的去做。你看,我按照手册上说的把阻风门拉到底。"

"阻风门拉到底?"

"手册上是这么说的。"

"那是发动机冷的时候才这么做!"

"我们至少进去了半个钟头。"他说。

我听了暗吃一惊,"但是约翰,你知道今天天气有多热。"我说,"即使是大冷天也得半个多钟头才能散热到可以发动。"他抓抓头,"那为什么不在手册中说明呢?"他打开阻风门,再一踩就发动了。"这就对了。"他很高兴地说。

这种不顾现实情况完全照搬手册操作的方式看起来似乎很滑稽,然而开发人员在面对性能优化的问题时其实也经常采取类似的行为,他们并不理会性能问题产生的原因,而是期望直接照搬应用"性能优化军规"或"性能优化清单"就能取得效果。

然而,就像维修摩托车不能脱离现实因素(如温度)照本宣科,性能优化作为一个复杂的系统工程不能简单地照搬军规,而是需要"通过观察和手册中所提供的结构,不断交替运用归纳法和演绎法,如此才能找到解决之道"。

时代在发展

Web 性能在很大程度上和运行环境(浏览器)、设备、网络环境等有关,而随着时代的发展,这些技术和技术标准本身也在不断演进。

例如,在 HTTP/1 时代,经典的优化手段是将请求拆分到多个域名上,当页面中存在 20 张图片时,通常把图片拆分到 img1.cdn.example、img2.cdn.example、img3.cdn.example 等多个域名上。

之所以这么做,是因为在 HTTP/1 时代,单个 TCP 连接在同一个时间段只能发起一个 HTTP 请求,这意味着只能通过建立多个 TCP 连接来并发地加载多张图片。而浏览器限制了每个域名 TCP 连接的并发数(一般限制在 6 个左右),于是开发人员可以通过拆分到不同域名的方式来突破并发数的限制。

到了 HTTP/2 时代，HTTP 协议支持多路复用（即在单个 TCP 连接中同时传输多个 HTTP 请求—响应的内容），这种原先有效的优化手段反而成为负向优化。在 HTTP/2 时代，采用这种方案不仅没有提高并发数，还带来了多次域名解析、建立 TCP 连接的开销。

除了技术演进会导致优化手段有效性的变化，还有一些特定的因素同样会影响性能，如用户的浏览器占比、操作系统占比等。

优化的木桶效应明显

性能优化是对整个系统和访问链路的全链路优化，木桶效应非常明显，当存在更明显的影响性能的短板时，改善和优化其他长板是没有什么效果的。

举例来说，假设某个页面的 JavaScript 代码非常大，并且没有托管到 CDN 上，那么用户访问页面时需要消耗大量的时间来加载 JavaScript 代码。此时如果遵循"减少 DOM 操作"的原则优化代码中的 DOM 操作，那么从理论上来说对页面的性能虽然是有利的，但实际上能给整体带来的提升非常有限。

整条链路都影响最终性能，在大部分情况下需要能够先定位到真正的问题瓶颈，否则很可能花费大量的时间和精力做正确而无用的优化。

用户环境差异大

用户环境差异大这个因素其实在第 2 章已经提到。对同一个页面的访问，用户与用户之间、用户与开发人员之间的环境差异可能非常大，如有些用户的机器性能很差，有些用户的网络延迟很高，这些不同的环境因素都会对最终性能造成非常大的影响。

前面提及，无法直接通过本地的性能来判断真实用户的性能，在开发人员本地环境有效的优化在用户的机器上未必能够达有同样的效果。

性能实验

简单的适配优化规则并不能帮助我们真正地优化性能，要想判断优化手段是否真的有效，只能通过实验进行验证。所谓实验，是指通过 A/B Test（对照实验）方式，在线上用户中分一部分比例访问新版本，并对比两种版本的性能。

本章会介绍如何通过实验判断优化方案的有效性。

简单来说，A/B Test 就是为了验证一个改动的效果，通过分别提供两个不同的版本，并对照两个版本的数据效果，从而快速做出决策。

例如，为了测试红色按钮和蓝色按钮哪个更能吸引用户点击，就可以制作两个版本的页面，并且只有按钮的颜色不同，其他条件完全一致。将这两个版本投放给不同的用户，通过两组用户的点击率来判断按钮颜色对用户行为的影响。

例如，在京东发布的 A/B Test 报告中（见图 4-1），就对比了"抢"按钮和"购物车"按钮，购物车能够提高用户整体的点击意愿。

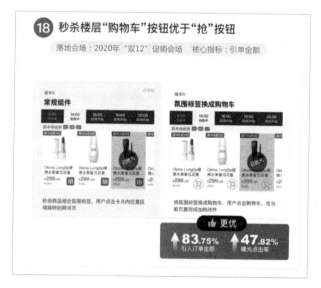

图 4-1　京东发布的 A/B Test 报告

对于性能优化来说，需要准备功能完全一致但优化手段不同的版本，把这两个版本分流给不同的用户，并衡量两个版本的用户端的性能状况。

接下来列举一个现实场景中的例子，用来说明如何设计一个性能优化的实验，实验又能解决什么问题。

4.2　用实验验证优化

可以用实验验证优化手段的有效性。下面列举一个生产环境中的例子，通过这个例子帮助读者了解在复杂场景下如何用实验来验证和选择优化方案。

HTML 中的图片除了可以使用 URL 的方式引用，还可以通过 base64 的方法把图片编码后内联到 HTML 中,这个功能称为 Data URIs。

```
<!-- 普通的 URL 引用 -->
<img src="https://img.example/a.png">
```

```
<!-- base64 后内联 -->
<img src="data:image/gif;base64,R0lGODlhEAAQAMQAAORHHOVSKudfOulrSOp3...">
```

这样可以减少一个图片请求的开支,只需要一个请求就能把图片和页面一起拉下来,并且节约了图片域名解析和建立连接的时间。然而这种做法在性能上也存在一些缺点。

- base64 会导致图片的体积增加 1/3 左右。
- HTML 中内联的图片在多次请求之间是无法复用缓存的。
- 客户端解析 base64 是需要时间的。

对图片做 base64 对性能有好的影响也有坏的影响,那么到底要不要用 base64 来内联首屏的图片呢?

混沌问题

其实,了解 base64 的优点和缺点后,就会发现要不要用 base64 是一个混沌问题。最终对性能产生影响的因素主要有以下几个。

- 图片具体的体积:决定体积会膨胀多少。
- 用户的网络传输速度:决定膨胀的体积会拖累页面加载多久。
- 用户设备性能:决定解析 base64 的耗时。
- 新用户的访问占比:决定损失缓存的比例。
- 页面上其他的 CSS/JS 受到的影响:决定最终渲染可能受到什么样的影响。

无法直接推算使用或不使用 base64 对用户端性能的影响,不像减小图片体积就能缩短下载时间这样简单明确的结论,甚至无从判断这个改动对性能的影响是正面的还是负面的。此时就需要借助实验,通过真实环境中的用户数据帮助我们进行决策。

设计实验

就像其他 A/B Test 一样,需要先设计一个对照分桶和实验分桶,如针对是否把首图用 base64 编码这个问题,可以把不进行 base64 编码的版本作为对照版本,把进行 base64 编码的版本作为实验版本。

需要注意的是，应该尽可能在区分版本时控制变量，即避免两个版本因为其他不一致的因素影响实验结果的可靠性。

除了设计两个版本，还需要选择度量实验结果的指标。例如，优化首图加载完成的时间，可以在两个版本的<img/>标签上都增加 onload 属性并且记录时间。

这里对图片加载时间的判断不是特别精准，但是只要保障两个版本的度量方式一致问题就不太大。

分桶

A/B Test 中最重要的问题之一是如何设计分桶。所谓分桶就是将哪部分用户访问引向对照版本，哪部分用户访问引向实验版本，这对实验结果的可靠性影响非常大。

下面仍以 4.1 节按钮的用户点击率为例展开介绍。假如让所有登录用户都访问实验版本，让所有未登录用户都访问对照版本，这样得到的实验结果可能是实验版本的点击率 > 对照版本的点击率，因为登录用户本身就具备更强的购买意愿。而这和测试对象（按钮的颜色）毫无关系。如果依据这个结果得出结论，即实验版本的按钮颜色更受用户欢迎，就大错特错了。因此，需要排除分桶的差异造成的影响。

以用户为维度的分桶

不同类型的实验对分桶方式的要求也不尽相同，以上面的实验为例，不能让同一个用户看到的按钮一会儿是蓝色一会儿是紫色，这会让用户感到困惑。很多业务改动也同样如此，如果想要验证某个业务改动对用户的影响，那么至少要让用户稳定在某个版本的业务逻辑中。所以，这种改动的实验分桶往往以用户为维度进行划分，对于同一个用户来说，其所在的分桶是稳定的，要么是实验分桶，要么是对照分桶。

通常，先根据用户的 id 进行哈希计算，并对 100 取模，然后对比得到的值和分桶比例，以此判断是否在实验分桶内。假设划分 30%的用户到实验分桶，那么采用下面这种计算方式。

```
isInBucket = Math.abs(hash(uid + '_实验名') % 100) < 30
```

如果 hash(uid) % 100 在[0,30)，则说明在实验分桶中，否则在对照分桶中。

[0,30)表示大于或等于 0 并且小于 30 的所有数。

以 URL 为维度的分桶

还有一种不太常见的分桶方式，即以 URL 为维度的分桶，这种方式一般用在面向搜索引擎的 SEO 实验中。有时候需要测试某种改动对 SEO 流量的影响，如添加商品的某个模块的描述内容是否可以带来 SEO 流量的增加。

这种增加并不是由用户访问直接带来的，而是搜索引擎根据页面的内容进行评估的，当搜索引擎认为一批页面的内容质量更好，提高其在搜索排名中的权重时，这批页面的整体访问流量就会增加，而不是某批用户的访问流量增加。在这种情况下，如果仍然以用户为维度进行分桶，就完全无从判断其对 SEO 流量的具体影响。

于是，在这种以页面为维度的实验中，经常以 URL 为维度，对所有用户展示不同的版本。在如下的商品详情页中：

- https://xyz.com/detail/23
- https://xyz.com/detail/429
- https://xyz.com/detail/32

先选取 30%的 URL 作为实验分桶，其他的 URL 则作为对照分桶，然后对比两个分桶的流量是否有差异。

```
isInBucket = Math.abs(hash(url + '_实验名') % 100) < 30
```

需要注意的是，一个 URL 和另一个 URL 的流量本身就是不对等的，当 URL 量和流量足够大时，这种分桶方式才能得到相对均衡的结果。所以，也需要关注选取 30%的 URL 后是否得到了大概 30%的流量。

以访问为维度的分桶

与其他业务层面的改动实验相比，性能优化更加简单一些，可以直接采取以单次访问为维度的分桶，这其实是最简单的一种分桶方式，在性能实验中也是最常见的。因为对于性能优化来说，大部分新的性能改动对于用户的使用其实没有直接的影响，而用户的每次访问都可以得到一个独立的性能度量值。

在这种情况下，不需要再使用 uid 来判断分桶，而是可以直接采用随机值。

```
isInBucket = Math.abs(hash(Math.random() * Date.now() + '_实验名') % 100) < 30
```

需要注意的是，不要直接使用 Math.random()，最终可能并不是 30%左右的用户落入实验分桶。

多实验并行

上面的例子都是对用户 id + 实验名进行哈希计算，之所以这么做，是为了避免同时进行的多个实验总是落入同一个分桶中。

例如，当验证减小 JavaScript 对性能的影响时，加入 hash(uid) % 100 < 30，就会导致这一批用户总是落入同一个实验的实验分桶，这时实验分桶的数据就不再可靠，因为它无法做到控制变量。又如，当验证按钮的颜色和文案对用户购买意愿的影响时，命中"红色按钮"的用户和命中"五折购买"的用户总是在同一个分桶中，因此无从判断是哪个改动对用户的购买意愿产生的影响。

哈希算法的选择

在分桶方式的介绍中，多次强调了避免分桶造成的影响是非常重要的，而且哈希算法在其中起到了关键性的作用。哈希算法又叫散列算法，可以把任意长度的输入变换成固定长度的输出。在分桶中，哈希算法的作用是配合取余操作把任意输入均匀地分布到 0～100，从而达到随机抽取 $n\%$ 到实验分桶的效果。

然而，实际上哈希函数也分为很多种，如果随便选取一个哈希函数，可能会发现某些具备一定规律的值（如 uid）在经过哈希运算并且取余后并不是均匀地分布在 0～100 的。而有些哈希算法（如 MurmurHash）更加适合用于 A/B Test，与其他流行的哈希函数相比，MurmurHash 对于规律性较强的 key 的随机分布特征表现更好。

从图 4-2 中可以看出，普通哈希算法（如 Java String.hashCode()）对于随机值和有特征的值（图中是某个固定前缀的数字排列）求哈希再取模的分布截然不同，在用于 A/B Test 的分桶时可能会导致分桶有一定的倾向性，如把某些具有相同特征的用户尽量分到同一个分桶中等。

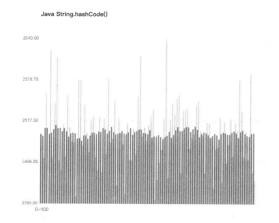
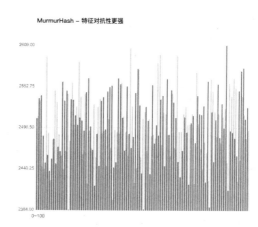

深色表示特征key哈希取模后的分布，浅色表示随机key哈希取模后的分布

图 4-2　不同哈希函数的特征分布

随机分布特征表现更好的意思如下：相比之下，MurmurHash 对 key 的特征和规律并不敏感，更加适用于分桶，即使输入的 key 本身具备很强的规律性，输出结果也是均匀分布的。

上报和分析数据

A/B Test 中数据的上报和普通数据的上报并没有太大的差异，唯一的区别在于需要带上用户当前所在的分桶。

在分析阶段可以把分桶作为一个维度，从而看到两个分桶的性能趋势，根据分桶的数据判断这个优化对于整体的首屏性能是否真的有帮助。

也可以通过简单的可视化手段把两个分桶的性能随着时间的变化展示出来，如图 4-3 所示，可以直观地看到实验分桶在 01-06 的改动后图片加载耗时得到了明显的改善。

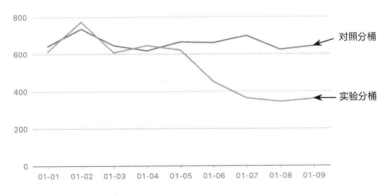

图 4-3　A/B Test 中不同分桶的曲线

A/B Test 背后的数学

在上面这个例子中，A/B Test 的结论非常直观，这是因为大部分有效的优化在数据上的反映都比较明显且稳定。但是这个结论并不是不证自明的，A/B Test 从本质上来说是一个数学工具，通过一小部分样本（实验样本）假设检验。通俗来说，就是通过一小部分用户的数据来预估这个改动对全量用户的影响，用样本来估计整体总是存在偏差的，如何在可接受的偏差内得出一个相对可靠的结论则是一个数学问题。而在一些数据差距体现不够明显的场景（如流量实验）中则需要用更严谨的数学方法进行计算。

这并不是本书关注的重点，限于篇幅这里不详细展开介绍，感兴趣的读者可以自行查阅相关资料，这需要一些概率论知识，包括中心极限定理、假设检验等。对于大部分 Web 性能优化场景，简单的可视化手段和差值对比已经足够。

结论不重要，重要的是方法

某个场景固定的首图 base64 对于其性能是有比较明显的提升的，这和该场景的用户特性及图片体积有很大的关系。例如，因为新用户较多，所以图片的缓存复用率并不高，此时主要的耗时体现在域名解析上，对于其他场景或大图未必适用。

这个结论并不是我们要关注的内容，其实类似的问题还有很多，如 CSS 到底要不要内联？内联后虽然可以减少请求数量，但同时让 CSS 无法通过缓存复用。需要关注的是，针对这种决定因素甚多，但又无法直接推断性能影响的改动，通过实验来验证是最直接有效的方式。

由于性能本身是随着环境、时代和复杂系统的变化而变化的，因此简单地把规则套用到页面上无异于刻舟求剑，而通过实验可以在这种不确定性中确认对终端用户真正有用的优化效果。

所以，在很多性能优化的知识中，结论并不重要，重要的是找出结论的方法。

4.3 用实验改进优化

除了可以直接验证优化的效果，实验还可以为改进优化提供更多的信息（数据）。

我们常常说，如果不知道一段代码为什么恰巧能够运行，那么就不要去碰它。而在性能优化中这句话并不成立，我们主张搞清楚优化到底为什么生效，为什么有时又不符合预期。下面同样列举一个生产环境的例子，来介绍实验在改进优化方面的作用。

笔者曾经做过一个 API 提前加载的优化，为了能够把耗时较长的首屏 API 尽可能提前，就在 App 的容器上把 API 的发起时间提前。所谓 API 提前加载，就是当 WebView 容器打开时，App 不等待页面的 JavaScript 执行就提前发起页面需要的 API 请求。当 JavaScript 执行到需要消费 API 数据时，直接从提前发起的请求中取数据即可。

建立模型

可以针对优化方案大概会带来的收益建立一个模型，这看起来似乎并不复杂。

- 假设 API 请求平均需要 A ms（如 300ms）。
- 页面从初始化到 JavaScript 执行再到发起请求需要 B ms（如 500ms）。

因为这个优化从本质上来说是把两个串行的过程并行化，所以节约的时间应该是两端耗时中较小的部分，也就是说，这个优化的实际节约时间就是 $\min(A, B)$。

有了这个预期之后，就可以在线上进行实验，从而判断这一切和预判是否一致。

实验修正

当把实验发布到线上后，实际的数据并没有达到预期效果，实验组的用户确实更快一些，但效果没有预期那么显著。为了找到不符合预期的地方，笔者做了更加详细的数据分析：记录是否开启 API 预加载，API 预加载的消费流程是否完成，以及记录从业务代码请求 API 到得到结果的耗时。

通过进行数据分析可以发现，在完成 API 提前加载和消费流程后，业务代码请求 API 的整体耗时确实大幅度缩短，然而，线上其实只有 60% 的用户访问成功完成了这个流程，更多的用户其实并没有享受到这个优化的效果。

于是笔者回顾了整个设计可能会导致无法完成整个优化流程的原因，由于 App 中的页面很多，不同页面需要的 API 也有区别，因此需要一份动态配置来匹配不同页面需要的 API 请求参数，这份配置被托管到 CDN 上，在 App 中会定时拉取对应的配置，并且在打开页面时根据路由匹配对应的页面和请求。

而对单个页面来说，其实 API 的参数也不是唯一的。为了防止用户实际运行到的分支需要的参数和提前加载的有所不同，或者在业务代码变更后没有及时更新配置，就需要在消费前校验提前加载 API 的参数和实际请求时的是否一致，如果不一致就放弃消费，重新发起 API 请求。

所以，整条链路上存在两个可能的原因会导致没有完成 API 提前加载和消费的流程。

- 配置的推送和拉取方式导致很多用户在打开页面时还没有来得及加载 API 提前加载相关的配置。
- 页面存在不同的逻辑分支导致一部分请求因为参数不同而未命中。

根据以上两个原因可以有针对性地改进优化方案。

- 减小配置的体积，延长 CDN 缓存时间，提前 App 端的拉取时机。
- 排查部分不必要的请求参数分支，让这些请求复用同一组参数。

按照对应的原因进行优化后，可以成功把整个方案的命中率提高到 90% 以上，这显著地提高了整体的性能，基本符合一开始设想的模型。

从这个例子中可以了解到建立模型、实验修正和持续优化方案的过程。现实中的优化往往面临很多复杂的情况，科学的实验能够对思路进行验证和修正，从而找到设计阶段难以预料的问题，最大限度地发挥优化的效果。

4.4　小结

到目前为止，本书介绍了性能优化中最重要的最小闭环，即度量、分析、实验，这些方法虽然并不能用于页面的性能改造，但是可以为优化提供方向指引。具体的优化方案随着时间的推移总是不断变化的，而用于发现问题、分析问题、解决问题的方法却万变不离其宗。

通过度量需要优化的具体指标（如首屏、首图或帧率等），可以把对页面性能模糊的主观感受变成可以衡量和分析的数据。由此，可以对线上用户的感受有数据化的定义，而不是以自己的感受来推测。

通过多维度、多阶段的详细分析，可以在数据中发现和定位问题。当出现问题时，通过抽丝剥茧地对比和推敲数据来推测出现性能波动的真正原因，找出那个在电机上需要用粉笔画的线。

通过实验，可以确定优化在复杂的系统和链路中最终能为用户带来的真实改变。对于类似要不要 base64、要不要内联脚本这种混沌而无法计算确定结论的问题，可以在对应的场景中通过线上实验得出真实环境的结论。实验也会暴露一些不容易被发现的问题，这有助于进一步改善已有的优化方案。

其实，在前面介绍优化方案时读者应该也会有所感受，仅仅通过这些方案仍然无法进行具体的优化，在实践中需要基础理论的指导才能不盲目优化。例如，在诊断重定向问题时，只有理解了在短链跳转的过程中发生了什么，以及网站强制跳转 HTTPS 的过程，才能联想到哪些可能性会导致重定向时间的增加。

这些基础理论（网络协议、浏览器工作机制等）同样是性能优化过程中不可或缺的部分。常常有人抱怨面试强调基础技术理论是"面试造火箭，入职拧螺钉"，即在实际工作中无用武之地。而对于性能优化来说，"造火箭"的知识不可或缺，并且可以直接发挥重要作用。

后面会对经常遇到的性能问题展开讨论，介绍如何利用已经学习的方法和工具分析这些问题，以及背后的基础原理为何总是在性能问题中扮演至关重要的角色。

第 5 章

工具

工欲善其事，必先利其器。前面介绍了进行性能优化的基本方法，方法可以指导我们依据什么思路来优化性能，而实际的优化工作离不开许多相关工具。

其实，可以使用一些工具来获取与性能相关的信息，本章会对这些工具（包括本地工具和线上测试工具）进行详细介绍。这些工具往往可以帮助我们锁定性能问题的"最后一公里"，在后续一些技术细节的分析中同样具有重要作用。

如果读者不知道这些工具实际使用的场景也没有关系，可以在后面遇到时再翻阅本章。

本章主要介绍两个典型的测试工具，分别是经常用到的线下和线上性能分析工具。

- Chrome 的 DevTools：直接集成在浏览器中，是最常用到的。
- WebPageTest：线上性能分析工具，大多用于排除本地因素（TCP 连接复用、资源缓存等）。

关于性能分析的工具还有很多，如 React 的 Profiler 等，本章着重介绍最常用的几个，特定场景的性能工具在遇到时再一一介绍。

5.1 DevTools

DevTools 是 Chrome 内置的开发工具,大部分前端开发人员对其并不陌生。DevTools 主要用于看日志、调试页面元素或查看网络请求等。实际上,DevTools 本身还包含很多与性能相关的实用工具,包括网络请求分析、JavaScript 性能分析、内存分析等。本节主要介绍几个常用的与性能相关的面板,这些在实际工作中会经常用到。

Network 面板

Network 面板是 DevTools 最常用的面板之一,如图 5-1 所示。

图 5-1 DevTools 的 Network 面板

网络请求和性能密不可分,Network 面板提供了和网络请求相关的调试能力,大致可以分为以下几个区域。

- 选项:Preserve log 主要是为了在页面导航后保留上一个页面留下的网络请求,在调试页面跳转时非常有用。Disable cache 用于暂时屏蔽浏览器的 HTTP 缓存机制。
- 请求列表:网络请求的列表,点击后可以查看单个请求的详情。
- 传输体积:对应资源的传输体积,需要注意的是,这里的体积默认展示的是传输体积(往往是 gzip/br 压缩后的体积),而并非解码后的体积。
- 时间和 Waterfall:资源加载的整体耗时,把鼠标指针移到 Waterfall 上就能看到更加完整的时间信息展示。
- 数据区:用于展示一些常见的总结性数据,如请求数量、整体的传输体积、DOMContentLoaded 的时间和 Load 的时间等。

时间信息

在请求详情页的 Timing 选项中，将鼠标指针移到 Waterfall 上就能看到针对单个资源更加详细的时间信息。同样，以 Waterfall 形式展示，如图 5-2 所示。

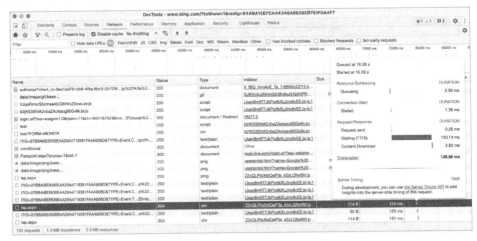

图 5-2　以 Waterfall 形式展示的时间信息

这里展示的时间信息使用 Performance API 中的 Navigation Timing 也可以获取到，如图 5-3 所示。

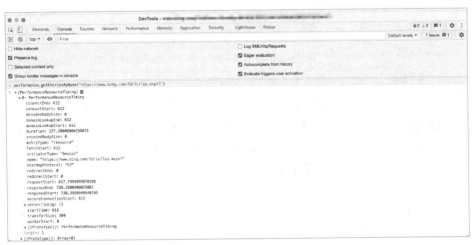

图 5-3　使用 Performance API 中的 Navigation Timing 展示的时间信息

- Queued at：开始进入队列的时间，一般可以通过这个时间点判断请求的发起时间是否符合预期，如通过 JavaScript 执行请求一张图片，那么执行到 new Image() 的时间就是 Queued at 的时间点。这个时候浏览器还没有真正发起请求行为。
- Started at：相较于 Queued at，这个时间点是指请求真正从浏览器发出的时间，这个时间点晚于 Queued at。
- Queuing：上面两个时间相减得到的时间段就是在队列中等待的时间。而产生等待一般有以下几个可能的原因。
    □ 资源的优先级较低，浏览器需要等待其他高优先级的资源加载完成再加载，最常见的情况是低优先级的图片等待 CSS 先加载完成。关于加载优先级的判定后面会详细介绍，这里先不展开介绍。
    □ 等待可用 TCP 请求复用的时间，如 HTTP/1 中等待上一个请求完成复用 TCP 连接。
    □ 由于浏览器并发过多而进入等待，如 HTTP/1 中的同域名最多发起 6 个并发请求。
    □ 从磁盘读取缓存的时间。
    □ 部分版本的 Chrome 中可能会隐藏 CORS 的 preflight 请求（OPTIONS），而触发 preflight 请求会把 OPTIONS 请求产生的耗时也展示为这个阶段的耗时。
- Stalled：又叫 Blocking，顾名思义，被阻塞的时间，包含 Queuing 的任意原因，除此之外还包含代理协商等时间。

更多命令

其实，Network 面板除了默认展示的信息，右击表格头后还能选择更多的命令（见图 5-4）。下面介绍 3 个对性能来说比较实用的命令。

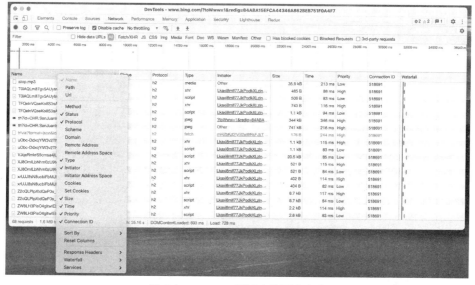

图 5-4　Network 面板中的更多命令

- Protocol：可以看到请求的具体协议，由此可以确认是否开启 HTTP/2（或者也可能是 QUIC 中的 HTTP/3）。
- Priority：优先级，就是上面提到的影响排队时间的一个因素。如果资源加载的优先级不确定，则可以在这里打开。
- Connection ID：TCP 连接 ID，在这里可以看到不同的请求使用的 TCP 连接，用于确认连接复用或多路复用是否符合预期。

模拟网速

另一个常用的功能是模拟网速，因为网速和网络环境的关联性很高，有时为了模拟用户在不同网速下的表现，需要选择一个固定速度和延迟的网络环境进行测试，如图 5-5 所示。

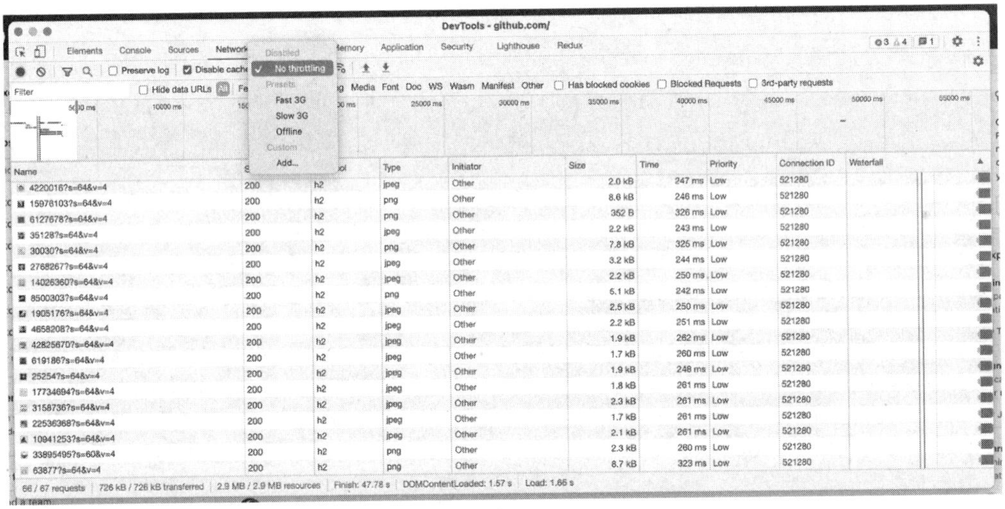

图 5-5　DevTools 的网速模拟

另外，这里的 Offline 模式用于测试用户在离线环境下的表现，在测试 PWA 页面的离线可用性时需要用到这个命令。

上面是在 Network 面板中常用的一些和性能相关的特性，这里主要介绍的仍然是与网络请求相关的内容，包含一些性能的基本信息。针对更加深入的性能信息，Chrome 提供了 Performance 面板，在 Performance 面板中有更多专业的 Profile 工具等可以用于分析性能。

Performance 面板

Performance 面板可以提供更加专业的性能信息。由于这些工具（如 Profiler）往往会造成额外的性能负担，因此 Performance 面板的大部分功能并不会像 Network 面板一样默认记录信息，而是需要在操作区手动开始录制，如图 5-6 所示。

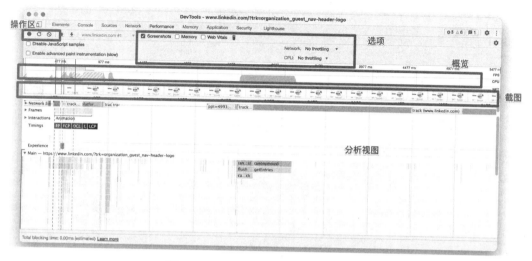

图 5-6　DevTools 的 Performance 面板

Performance 面板的主要区域如下。

- 操作区：包含录制和清除的操作。一般来说，如果需要分析页面的加载性能就直接点击"刷新"按钮，浏览器会自动重新加载页面并同时记录加载过程；如果需要分析某个特定操作的性能，可能需要使用"录制"按钮手动确定录制时间。
- 选项。
  - □ Screenshots：决定录制过程中是否采集截图，这对对照页面加载的体感感受（也就是用户看到的内容变化过程）尤其有用。
  - □ Memory：是否录制内存的变化。
- 概览：会使用不同的颜色表示当前 CPU 和网络的占用情况，以及 FPS 的波动。
- 截图：如果勾选 Screenshots 复选框，就会在录制过程中截图，方便对照。
- 分析视图：包含很多部分，主要用可视化的方式分析性能的细节。

概览

虽然概览区域占用的显示空间并不大，但是有利于快速了解页面在各个阶段都在做什么的总览信息。概览区域展示的信息主要包括 FPS、CPU、网络。一般来说，最受关注的主要是 CPU 的监控情况。

如图 5-7 所示，在 FPS 视图中，纵向的柱子越高，说明当前的 FPS 的值越大。而出现横向的长条则说明存在耗时过长的帧。12.2 节会介绍 1 帧的合理耗时应该是多少，以及什么因素会导致出现长帧和卡顿。

图 5-7　Performance 面板中的 FPS 视图

如图 5-8 所示，网络视图由浅色和深色的长条组成，浅色的长条代表网络等待的时间（TTFB），深色的长条代表网络传输的时间。

图 5-8　Performance 面板中的网络视图

如果勾选 Memory 复选框，那么在网络视图中还存在一个内存占用的概览图，如图 5-9 所示。

图 5-9　Performance 面板中的 Heap 视图

Network 视图

在下面的分析视图中同样存在一个 Network 视图，相比于 Network 面板中的信息，Performance 面板中的 Network 视图更加注重性能和时序方面的信息，如图 5-10 所示。

图 5-10　Performance 面板中的 Network 视图

从图 5-10 中可以看到加载资源的耗时、开始/结束时间，以及优先级等。其中，不同的颜色代表不同类型的资源。

由 Network 视图可以看出不同资源的加载时序和耗时是否符合预期。

火焰图

火焰图如图 5-11 所示（当然这个界面其实也包含其他的耗时）。经常用火焰图分析

JavaScript 的性能。

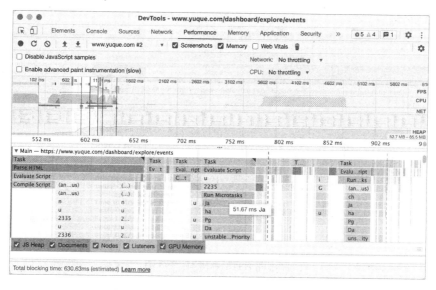

图 5-11　火焰图

其中，Main 指的是当前页面，如果页面中存在 iframe、worker 等，则还可以选择单独查看这些环境的火焰图，包括 ServiceWorker 的性能状况也在这个视图中。火焰图用非常直观的层级关系展示不同阶段耗时的具体组成。例如，在展示某个函数的耗时时，向下分解就能看到这段耗时由函数中的哪些其他调用组成。

由于其中包含的信息非常多，因此难以直接从繁杂的时序信息中定位问题，这时就需要使用 Timings 视图。

Timings 视图

在默认情况下，Timings 视图只展示浏览器定义的几个时间点，如 DCL（DOM ContentLoaded）、FP、FCP 等，如图 5-12 所示。

图 5-12　Timings 视图

除了浏览器预设的时间点，还可以用 performance.mark 和 performance.measure 自定义时间点和时间段。

例如，可以用下面的形式打点。

```
// 标记起始点
performance.mark('getStart');
setTimeout(() => {
    // 标记结束点
    performance.mark('getEnd');
    // 标记时间段
    performance.measure('getWaiting', 'getStart', 'getEnd');
}, 4000);
```

在 Performance 面板中录制（如果录制的时候正在运行这段代码），就能在 Timings 视图中看到自定义的时间段（见图 5-13）。不但如此，这段时间同样是用火焰图的形式展示的，并且在整个视图中和其他的时间线都是对齐的。这意味着在 Timings 视图中定位到的时间段可以进一步选中后对齐到 Main 的火焰图做进一步分析。

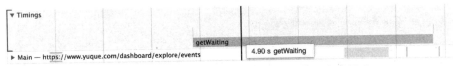

图 5-13　Timings 视图在 Performance 面板中的展示

通过增加一些有含义的时间段标记，可以很轻松地借助 DevTools 快速定位耗时的位置。

详细信息

如果选中一段想要分析的时间段，就可以看到一个详细信息的选项卡，如图 5-14 所示，在 Summary 选项卡中可以看到选中这部分时间的具体耗时统计。

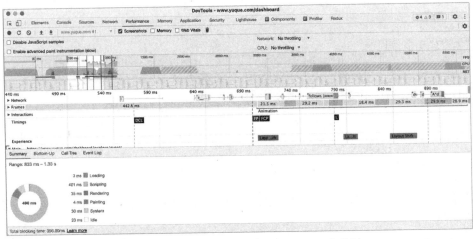

图 5-14　Performance 面板中的 Summary 选项卡

其中，颜色代表的含义在旁边已经有标注，这与上面概览区域中的含义相同，故不再赘述。

内存视图

内存视图是一个使用不同颜色标注的折线图（见图 5-15），通过对占用内存的几种主要原因进行可视化，有助于分析内存状况。

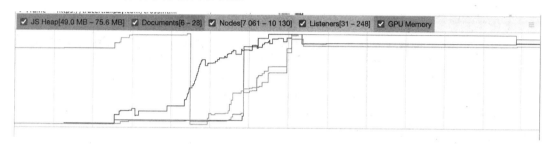

图 5-15　Performance 面板中的内存视图

这里同样用不同的颜色代表不同的原因。

- 蓝色代表 JavaScript Heap，即 JavaScript 堆中变量占用的内存。
- 红色代表 Documents。
- 绿色代表 DOM 节点的数量。
- 黄色代表事件监听器（Listeners）的数量。
- 紫色代表 GPU 的内存占用。

在一般情况下，内存问题并不发生在页面加载期间，因此可能需要在录制导致内存问题（如用户的反复操作）后，从这个折线图中能看到哪种类型的内存占用有异常增加（如大量不释放的事件监听导致 Listeners 的数量急剧增加）。

后面会详细介绍内存优化，并演示如何根据这个工具定位和分析几种不同类型的内存问题。

5.2　WebPageTest

WebPageTest 是常用的线上性能分析工具，能对线上的页面进行性能分析，生成的报告也非常丰富，除了自身的分析报告，还包括 DevTools timeline、lighthouse 报告、视频对比等。后面的分析常常用到 WebPageTest，所以下面先介绍其使用方式。

发起测试

打开 WebPageTest.org，输入要测试的 URL，并选择需要测试的节点和浏览器类型等，点击 START TEST 按钮就能发起测试。

高级选项中还有很多功能，如指定自定义指标，以及是否开启 DevTools 的报告等。勾选 Capture Dev Tools Timeline 复选框和 Enable v8 Sampling Profiler（much larger traces）复选框，如图 5-16 所示。

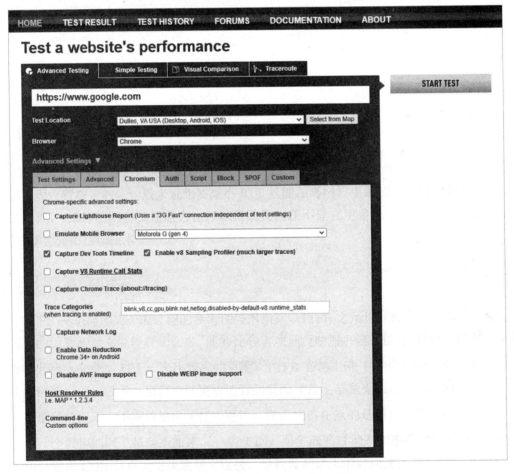

图 5-16 使用 WebPageTest 发起测试

勾选这两个复选框之后可以看到 DevTools 的报告和更多 V8 性能的详细信息。

报告

运行完成后就会得到一份在线报告。在默认情况下会进行测试，并得到一个多次运行后的关键指标均值，包括 TTFB 时间、FCP 时间等。

对于每次测试运行的结果，左侧显示 DevTools Timeline，右侧显示 WebPageTest 自身的 Waterfall 视图，如图 5-17 所示。

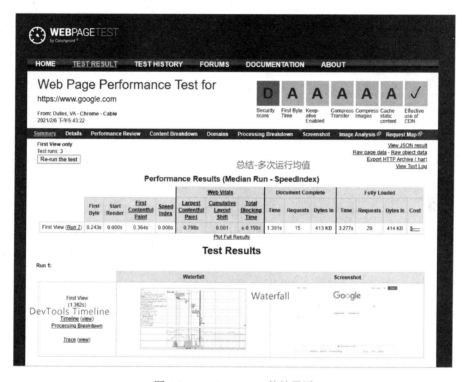

图 5-17　WebPageTest 的结果页

Waterfall 视图

下面介绍 Waterfall 视图的几个主要区域，如图 5-18 所示。

时间点

最上面是用于标注时间点的图示，下面的 Waterfall 视图中的不同颜色的竖线表示的就是这里的时间点。

- Start Render：开始渲染的时间，即非白屏的时间点。

- RUM First Paint：First Paint 的时间，浏览器上报的第一次绘制时间，可以看到这条线往往靠近 Start Render。

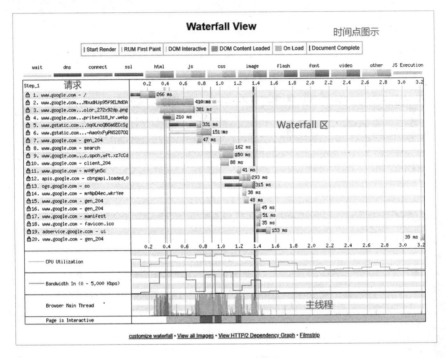

图 5-18　Waterfall 视图

- DOM Interactive：DOM 准备就绪的时间。
- DOM Content Loaded：在 DOM Interactive 后触发，DOM 及阻塞 JS/CSS 加载完成的时间。
- On Load：触发 load 事件的时间。
- Document Complete：触发 load 事件后，并且完成所有静态资源（包括图片）加载的时间。

请求

页面发起的请求列表，对应右边 Waterfall 区中的时间块，HTTPS 的连接会在左侧显示一个小黄锁。

主线程

主线程视图主要用于表示浏览器主线程当前主要消耗在什么地方，横轴是时间，纵轴则是 0~100%，几种不同的颜色代表当前主线程正在进行的不同工作。

- 蓝色：HTML 解析。
- 黄色：JavaScript 的解析、编译和执行。
- 紫色：布局。
- 灰色：其他任务。
- 绿色：绘制。

Waterfall 区

Waterfall 区是 Waterfall 视图中最重要的部分，横轴代表时间，列表的顺序代表请求发起的顺序，整个区块的长度表示这个请求的耗时。颜色的组成代表不同阶段的耗时，如图 5-19 所示。

图 5-19　WebPageTest 不同阶段的耗时

下面针对上面的第一个请求（见图 5-20）进行分析。

图 5-20　第一个请求

经过 DNS、connect（建立连接）、SSL（SSL 握手）、HTML 加载解析后，总体耗时为 266ms，在此之后有部分内联 JavaScript 执行的时间。点击这个请求的横条能看到请求详情，如图 5-21 所示。

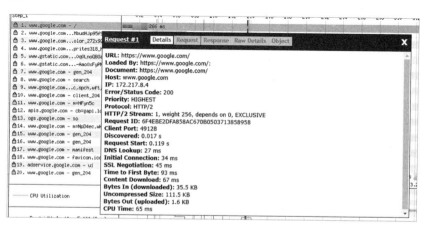

图 5-21　请求详情

除此之外，也可以从其他请求上看到一些有趣的点。例如，第二个请求没有 DNS/connect/SSL 耗时，如图 5-22 所示。

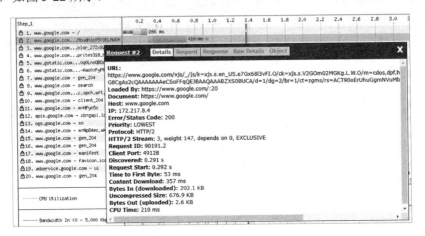

图 5-22　第二个请求没有 DNS/connect/SSL 耗时

Timeline 视图

如果展开左侧 Timeline 附近的视图，就会在浏览器中直接加载 DevTools，并且可以看到对应页面的 Timeline 视图，如图 5-23 所示。其本质和上面的 Waterfall 视图是类似的。

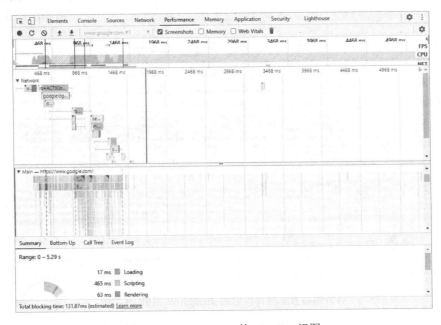

图 5-23　WebPageTest 的 Timeline 视图

DevTools 的 Performance Timeline 功能实际上是 Chrome 本身提供的，5.1 中已经有介绍，这里相当于把 Chrome 的 Performance 视图的功能远程提供出来。

5.3 小结

WebPageTest 其实是线上性能工具的一个典型代表，除了 WebPageTest，还有很多类似的线上工具和服务。相比本地工具，线上工具具有如下特点。

- 线上工具一般会提供更多的测试机器和测试节点，因此可以比较轻松地测试在其他国家网络环境下或不同机器上的页面性能表现。
- 线上工具不会受到缓存等因素的影响，虽然本地的 DevTools 等工具也提供关闭缓存等选项，但是在本地测试中，受到 HTTPS 重定向缓存、ServiceWorker 缓存、TCP 连接复用、DNS 缓存等的影响，测试结果可能不准确。
- 线上工具会提供更多专注于性能分析的功能，如视频逐帧录制。

当然，线上工具和本地工具之间并不是相互取代的关系，如还处于开发中不能在公网访问的页面往往无法使用线上工具进行测试，总体来说需要两者相结合来进行性能测试。

除了本章介绍的工具，还有 Lighthouse、Pingdom、SpeedCurve、PageSpeed Insights 等线上或线下的工具。在大部分情况下，数据分析手段和工具是结合使用的，使用数据分析手段有助于定位用户遇到的性能问题大致发生的阶段，使用工具有助于在实验室环境得到更多的细节信息，通过更容易理解的方式（如可视化图表、最佳实践的检查器等）观察这些信息，从中找出可能的优化空间。

第 3 篇 / 网络协议与性能

↘ 第 6 章　TTFB 为什么这么长
↘ 第 7 章　建立连接为什么这么慢
↘ 第 8 章　Fetch 之前浏览器在干什么
↘ 第 9 章　HTTPS 协议比 HTTP 协议更慢吗
↘ 第 10 章　HTTP/2、HTTP/3 和性能
↘ 第 11 章　压缩和缓存

第 6 章
TTFB 为什么这么长

TTFB 是指客户端从发起请求到接收到服务器响应的第一个字节的时间差,是反映网站性能的重要指标。由于网页的下载时间受到页面体积、客户端带宽等因素的影响更大,因此 TTFB 一般来说能够更好地反映服务器端的性能。

同时,TTFB 也是日常开发中最常见到、相对没有那么直观的性能指标之一。很多开发人员在开发工具(如 Chrome 的 DevTools)中看到这个指标后会开始疑惑——这个页面的 TTFB 为什么这么长?TTFB 应该是多少才是正常的?应该如何进行优化?要回答这些问题,需要先了解 TTFB 背后的准确含义,同时理解在网络协议中哪些部分的耗时会影响 TTFB。

当打开浏览器访问一个网站时,网站中的内容大多是通过 HTTP 协议或 HTTPS 协议传输的,很多计算机网络相关的书都会介绍七层网络模型,从中可以了解到 HTTP 协议和 HTTPS 协议运行在 TCP 协议的基础上,以及 TCP 协议需要经过三次握手建立连接等。同时,HTTP 协议也在不断演进,从 HTTP/1.x 到 HTTP/2,而目前 HTTP/3 的演进正在进行中,这些演进到底是为了什么?网络协议的基础知识对于上层应用又有什么影响?

事实上,网络协议和 Web 性能息息相关,而并不是只存在于书本中的理论知识。要证明这一点并不难,HTTP/2 和 HTTP/3 的诞生主要是为了解决性能问题,由此可知,性能问题和网络协议的联系非常密切。

HTTP/2 的主要目标是通过支持完整的请求与响应复用来减少延迟，通过有效压缩 HTTP 标头字段将协议开销降至最低，同时增加对请求优先级和服务器推送的支持。为了实现这些目标，HTTP/2 带来了大量其他协议层面的辅助实现，如新的流控制、错误处理和升级机制。这几种机制虽然不是全部，但是最重要的是，每位网络开发人员都应该理解并在自己的应用中加以利用。

这些协议特性的引入和升级虽然大部分都不需要上层应用的开发人员关心，但由于性能问题的复杂性，开发人员仍然需要理解网络协议及其特性的运行机制，这样才能最大限度地发挥协议的作用。

除了引入的新特性，很多现有的分析和优化也依赖于我们对网络协议的理解。例如，网站在 connect 阶段花费的合理耗时应该是多少？如果现在耗时长，应该从什么角度进行优化？这就涉及 HTTP 协议基于的 TCP 协议为什么要建立连接，以及建立连接时都发生了什么。

更吸引人的是，在网络协议的设计和迭代的细节中，我们常常可以在协议的讨论、设计、优化中看到前人的智慧。网络协议的具体实现可能和大多数 Web 开发人员没有太大的关系，但其中优化采用的思想在上层应用的优化方案中常常被借鉴。例如，通过减少不必要的依赖关系来避免队头阻塞问题，以及尽可能并行化，从而减少不必要的耗时等。协议的升级也并不总是一帆风顺的，由于协议的升级周期非常长，有的问题解决得不彻底，因此一些特性并没有被广泛使用等（如 HTTP/2 的 Server Push 特性）。

本章从性能的角度重新审视网络协议及其方案设计背后的考量。

6.1 TTFB 的合理值

TTFB 是从发起请求到接收到服务器响应的第一个字节的时间差，大部分开发人员看到这个指标后，想到的第一个问题往往是：TTFB 的合理值是多少？

一般来说，可以粗略地认为对于静态页面，50ms 是非常理想的值（因为在大部分情况下 RTT 基本上就在 50ms 以内），如果超过 500ms，一般用户就会感觉到明显的白屏。但这样泛泛而谈仍然无法提供准确的判断依据，要想准确判断当前 TTFB 的值是否合理，还需要进一步了解 TTFB 究竟意味着什么。

这里的静态页面指的是后端没有任何逻辑，直接托管静态文件的页面。这类页面由于没有后端逻辑的参与，往往在服务器端或网关层就可以进行缓存（如 Nginx 缓存），也没有多余的业务逻辑耗时，在理想情况下其还可以被 CDN 加速（这一点在第 20 章中会提到），所以往往具有更短的 TTFB。

精确定义

上面提出的"从发起请求到接收到服务器响应的第一个字节的时间差"仍然有一些模糊，精确来说，TTFB 是在完成 DNS 查询、TCP 握手、SSL 握手后发起 HTTP 请求报文到接收到服务器端第一个响应报文的时间差。在 Chrome 的 DevTools 中可以看到 TTFB 的值，如图 6-1 所示。

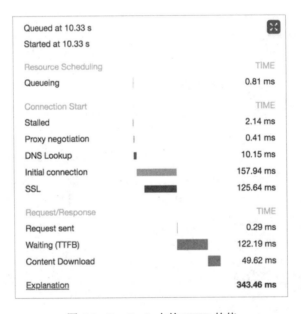

图 6-1 DevTools 中的 TTFB 的值

RTT

在介绍 TTFB 之前，下面先介绍 RTT（Round-Trip Time）的概念。RTT，即往返时延，指的是从发送端发送数据开始，到发送端收到来自接收端的确认的时间，即一来一回的时间。一般来说，这个时间由物理距离、网络传输路径等决定。

RTT 一般需要多久

想要确定 RTT 的时间，最简单的方式就是 Ping 一下，在 Ping 的时候看到的 time=xxms 大致是 1 个 RTT。

```
PING 115.239.211.112 (115.239.211.112): 56 data bytes
64 bytes from 115.239.211.112: icmp_seq=0 ttl=55 time=4.411 ms
```

实际上就是一来一回（下面是 tcpdump 抓到的 Ping）。

```
11:59:42.631275 IP 30.38.61.21 > 115.239.211.112: ICMP echo request, id 11482,
seq 0, length 64
11:59:42.635593 IP 115.239.211.112 > 30.38.61.21: ICMP echo reply, id 11482,
seq 0, length 64
```

tcpdump 是一个可以抓取网络流量的命令行工具。例如，可以通过 sudo tcpdump host www.baidu.com 来抓获当前机器和 www.baidu.com 主机间的所有网络流量。一些简单场景的抓包用该工具就能完成，更加复杂的场景可以使用 WireShark 等带图形用户界面的抓包工具。

TTFB 的构成

要判断 TTFB 的时长是否合理，需要先了解 TTFB 的构成。可以看看使用命令行工具 tcpdump 抓取 curl 请求 http://www.baidu.com 时都发生了什么。

```
客户端 -> 服务器: seq 3612756767
服务器 -> 客户端: seq 3932881577, ack 3612756768
客户端 -> 服务器: ack 3932881578 // 到这里完成三次握手
客户端 -> 服务器: seq 3612756768:3612756845, length 77: HTTP: GET / HTTP/1.1
// 发送 GET 请求的 HTTP 报文
服务器 -> 客户端: ack 3612756845
服务器 -> 客户端: seq 3932881578:3932883030, ack 3612756845, length 1452: HTTP:
HTTP/1.1 200 OK // 首字节到达
服务器 -> 客户端: seq 3932883030:3932884359, ack 3612756845, win 776, length
1329: HTTP // 继续传输 HTTP 响应报文
// ...
```

从网络的来回中可以发现，GET 请求发出后到收到响应的首字节（First Byte）的时间其实接近 1 个 RTT +后端处理耗时（一般叫 Server RT）。

curl 是一个用于发起 HTTP(S) 请求的命令行工具，因为 curl 仅发起单个请求，而不像浏览器一样解析页面加载相关的其他资源，所以在抓包分析时干扰信息更少。

实验环境验证

为了验证这个推论是否正确，可以使用一些 Server RT 基本为零的页面在 WebPageTest 中进行验证。其中，Initial Connection 的时间（TCP 握手时间）也接近 1 个 RTT（这一点在下面会详细介绍）。所以，总体来说 TTFB 应该和 Initial Connection 非常接近。

空白页面

在 WebPageTest 上运行测试，可以看到，空白页面的 TTFB 和 Initial Connection（Initial Connection 在数值上与 RTT 接近）的差距是非常接近的，如图 6-2 所示。

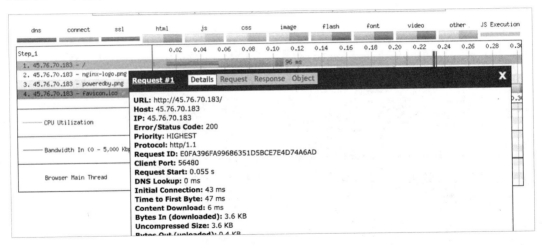

图 6-2　空白页面的 TTFB 和 RTT 的差距

大体积页面

之所以采用首字节作为指标，主要是为了排除页面传输的体积本身的影响。同样，可以对此进行测试，访问一个压缩后为 100KB 的 JS 文件，测试结果如图 6-3 所示。

相比之下，TTFB 和 Initial Connection 的差距稍微大了一些，但差距仍然很小，可以尝试更大的体积（压缩后仍有 1MB），测试结果如图 6-4 所示。

可以看到，差距仍然非常小，页面的体积对 TTFB 基本上是没有影响的，回传的 HTTP 报文太大不会导致首字节传输耗时明显增加。

所以，对于一个页面的 TTFB 来说，它的时长在通常情况下接近 1 个 RTT + Server RT。

可以据此大致判断当前页面的 TTFB 是否符合预期。

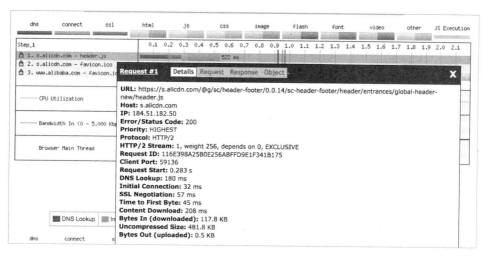

图 6-3　体积对 TTFB 的影响

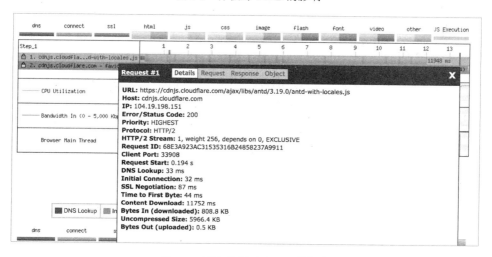

图 6-4　更大体积对 TTFB 的影响

6.2　如何优化 TTFB

那么，当 TTFB 的值很大时，应该如何优化 TTFB 的值？

减少请求的传输量

例如，发送 Cookie 或 body 很大的 POST 请求会更加耗时。如果尝试把 Cookie 变得非常长，那么抓到的请求就会变成如下形式。

```
客户端 -> 服务器: seq 2144370637:2144372089: HTTP: GET / HTTP/1.1
// 发送 GET 请求的 HTTP 报文
客户端 -> 服务器: seq 2144372089:2144372988: HTTP // 继续发送，没发送完

服务器 -> 客户端: ack 2144372089
服务器 -> 客户端: ack 2144372988 // 发送两次 ACK

服务器 -> 客户端 // 首字节到达
```

发送请求的 TCP 包直接被拆成多个，虽然首字节尽可能避免了传输的影响，但这里的首字节是服务器端的首字节，在大部分场景下服务器端都需要完整接收客户端的请求传输后才能做出响应并返回。所以，应该避免在请求中携带过多的无用信息。

减少服务器端的处理时间

这一点最容易理解，减少服务器端的处理时间（Server RT），TTFB 的值就会减小。一方面，需要尽可能优化服务器端的处理逻辑，如增加缓存、优化慢 SQL、并行化网络请求等；另一方面，常用的一种手段是流式渲染，即让服务器端先返回可渲染的内容，再流式地返回更多耗时的内容完成后续渲染。

流式渲染

浏览器接收到 HTML 的内容就会开始解析内容，构建响应的 DOM 树。浏览器并不依赖下载或解析完整的 HTML，而是解析一部分渲染一部分。

可以在 Response Header 中增加 Transfer-Encoding:chunked，告知浏览器 HTML 将会被一块一块地流式返回，在这个基础上 Facebook 构建了 bigpipe，通过在服务器端流式地为浏览器返回 HTML，就可以看到自己的个人首页是随着数据的加载一块一块地被渲染出来的，这样可以避免一次性获取大量的数据才开始渲染页面。

这样的方式其实降低了 TTFB，浏览器端可以尽早地开始处理。

chunk

当使用 chunk 流式返回 HTML 内容时,通常期望浏览器能够马上渲染接收到的 chunk 块,但实际上有些浏览器会缓冲一定的长度。如图 6-5 所示,Safari 先使用 bigpipe 渲染,浏览器一直等到显示 this is pagelet 1 才开始渲染页面,然后完成后续渲染(图中的第一屏的渲染完全被跳过了)。

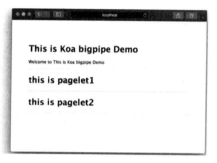

图 6-5 第一屏的渲染被跳过了

如果把 Welcome to…加长,Safari 则直接渲染出首屏后再完成后续的渲染,如图 6-6 所示。

图 6-6 第一屏的渲染出现了

chunk 缓冲区的具体长度没有明确的标准,根据 StackOverflow 上的回答,当前客户端 chunk 缓冲区的大小大概如下所示。

```
// 来源:https://stackoverflow.com/questions/********/using-transfer-encoding-
chunked-how-much-data-must-be-sent-before-browsers-s
Mac:                    text/html:      image/jpeg:
curl 7.24.0             4096 bytes
Firefox 17              1024 bytes      1886 bytes
Chrome 26.0.1410.65     1024 bytes      1885 bytes
Chrome 29.0.1524.0         8 bytes      1885 bytes
```

```
Safari 6.0.4 (8536.29.13)   1024 bytes       whole file

Windows XP:
IE8                         256 bytes
Chrome 27.0.1453.94         1024 bytes
Firefox 21                  1024 bytes
Opera 12.15                 128 bytes AND 3s have passed

Windows 7
IE9                         256 bytes

Windows 8:
IE10                        4096 bytes
```

减少 RTT

既然 TTFB 和 RTT 直接相关，那么减小 RTT 自然也是一种方案。而 RTT 是由网络状况和物理位置决定的，一般来说想要减小 RTT 只能在离用户更近的地方增加服务器节点。除此之外，CDN 的动态加速能力也可以帮助我们在不建立更多机房的前提下减小 RTT，第 20 章会介绍这项技术。

TTFB 的值越小越好吗

TTFB 只是描述某一段过程的参考性技术指标。TTFB 之所以比较重要，是因为能够影响其值的因素相对来说没有那么多，能够比较客观地反映服务器端的处理时间和网络耗时。

当开启 gzip 时，对于一个比较大的页面，TTFB 必然上涨（压缩需要时间），但是实际上传输的速度要快很多，用户能够更快地看到页面（首字节是无法用于渲染的）。

在这种情况下，不应该追求 TTFB 更短，真正应该在意的是用户的真实体验。

另一个类似的例子是动态加速，一些 CDN 服务商通过动态加速技术让网页的传输速度更快。然而 CDN 节点会更快地建立连接，导致发起请求的时间被提前，而 CDN 节点则承担了原来和服务器建立连接的成本。另外，CDN 也会在节点中做一些缓冲，这些都会导致 TTFB 看起来更长，实际上页面的加载速度是得到了提升的，如图 6-7 所示。

20.3 节会详细介绍动态加速对性能的具体影响。

图 6-7　TTFB 和 Download 的权衡

6.3　小结

TTFB 是一个非常重要的网站性能指标，能够在前端比较客观地反映后端的耗时。但是首字节是无法渲染出任何东西的，使用 TTFB 来侧面衡量网站的后端耗时不代表 TTFB 越短越好。

在有些场景下，使用一些优化手段可以让首字节刻意晚一些（gzip 内容，以及缓冲一定的内容再开始传输等），这个时候 TTFB 作为一个侧面印证的指标就不再特别精确，在这种场景下，TTFB 就失去了原本的含义，读者不需要过于纠结。

如果可能，还是把 Server RT 的耗时尽可能带到前端参与统计。

第 7 章
建立连接为什么这么慢

第 6 章介绍了 TTFB 是从建立连接后开始计算的，在大部分阶段我们对建立连接是没感知的，但如果用第 2 章介绍的分析方式分析页面的性能，就会发现部分页面在建立连接时消耗了不少时间。

除此之外，使用 WebPageTest 可以看到浏览器在建立连接时花费的时间（见图 7-1），而部分请求又没有这部分耗时；同时，在本地开发时也很少看到连接耗时，这是因为 HTTP 请求有连接复用机制。

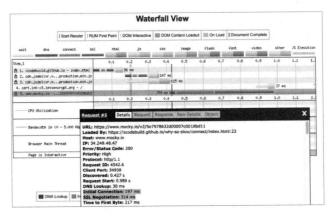

图 7-1　WebPageTest 中的连接耗时

为了搞清楚建立连接对性能的具体影响，需要了解 HTTP 请求在什么情况下需要建立连接，在什么情况下可以复用连接，建立连接的时候又在做什么，为什么需要消耗这么长时间。

7.1 建立连接应该耗时多久

同样，要判断建立连接的耗时是否存在优化空间，应该先了解浏览器在什么情况下需要建立连接，以及在这个阶段的合理耗时应该是多少。

TCP 协议

HTTP 协议是基于 TCP 协议的，而 TCP 协议是面向连接的。当向服务器请求一个页面时，需要先建立 TCP 连接，这样才能真正开始传输内容。

TCP 协议看起来距离 Web 的上层应用开发人员非常遥远，因为在大部分情况下不需要关注底层的 TCP 是如何工作的，但事实上其和 Web 性能密切相关。

建立连接需要多少个 RTT

TCP 作为一种面向连接的通信协议，在客户端向服务器端发送具体数据之前，TCP 需要通过三次握手建立连接，即三次握手。这个连接过程其实是在交换一些初始数据，其中最重要的是 Sequence Number。

很多人尝试用各种看起来形象的比喻来形容三次握手，但是这些比喻大多并不准确。实际上，握手的过程非常简单，为了避免造成错误的理解，下面采取平铺直叙的方式介绍三次握手的过程。

- 客户端向服务器端发送 SYN，传输 seq = X。
- 服务器端向客户端发送 ACK X+1，表示收到，客户端可以将 X+1 作为 seq 发送消息。同时发送 SYN，seq = Y，把自己设置成 established 状态（可接收数据）。
- 客户端向服务器端发送 ACK Y+1，表示收到，服务器端可以将 Y+1 作为 seq 发送消息，把自己设置成 established 状态（可接收数据）。

客户端发送完 ACK 后就认为连接已经建立完毕(而不是等待服务器端收到这个 ACK)，并开始传输应用层的数据（如 HTTP 报文）。服务器端收到这个 ACK 后才会开始把收到的数据交付给应用层（HTTP）。

从图 7-2 中可以看出，其实 TCP 建立连接的时间就是 1 个 RTT。这种情况说的是纯粹的 connect 时间，不包括 SSL 握手等，所以只是针对 HTTP 协议而言的，如果是 HTTPS 协议还需要考虑 SSL 握手的时间，第 9 章会详细介绍。

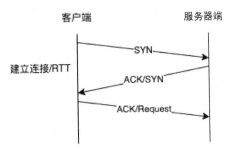

图 7-2　TCP 握手和 RTT 之间的关系

抓包验证

可以使用 WireShark 抓取一次 HTTP 请求来查看建立连接的过程，如图 7-3 所示。可以看出，从发起 SEQ 到收到 ACK（经过 1 个 RTT），之后客户端就不再等待，直接发起 GET/HTTP/1.1 的请求。

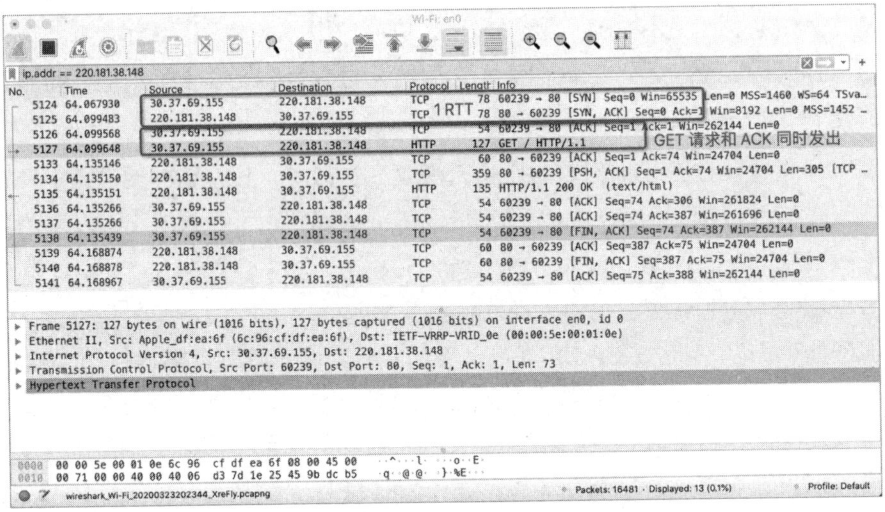

图 7-3　使用 WireShark 抓包查看建立连接的过程

7.2 如何优化建立连接的耗时

此时重新查看图 7-1 中的 WebPageTest 的结果。

理解 TCP 如何建立连接，以及背后的耗时。从本质上说，RTT 之后，可以得到以下几个优化思路。

减少物理距离

上面提到，RTT 从本质上来说就是网络传输的耗时，如果使机器与用户端的物理距离更短，就能相应地减少时间。

preconnect

可以看到，在测试结果中，多个连接的建立是串行进行的，完成 JavaScript 的加载和执行之后才开始建立图片的连接。

在已经知道页面中的图片需要建立连接的情况下，浏览器提供了 preconnect 的能力，允许提前建立好 TCP 连接，如图 7-4 所示。

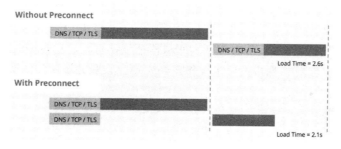

图 7-4　preconnect

只需要在 HTML 的头部加入一个对应的 <link> 标签即可声明。

```
<link rel="preconnect" href="https://www.mocky.io" crossorigin>
```

同时，preconnect 也附带着让浏览器提前进行了 DNS 解析。

复用连接

预建立连接相当于提前建立连接并等待在需要使用时复用，如果能够直接复用同一个连接，即使不使用 preconnect，也能天然减少额外建立连接带来的耗时。

域名收拢

在 HTTP/1 时代，为了解决加载阻塞的问题，很多网站做了分散域名的优化，从而让多个请求可以并行加载。而在普及 HTTP/2 后，已经具备了连接复用的能力，使用多个分散的域名只会消耗更高的连接成本。

所以，尽可能把域名收拢到相同域名，可以尽可能地减少建立连接的耗时。关于复用连接和域名收拢的详细内容，在介绍 HTTP/2 的多路复用特性（第 10 章）时再详细介绍。

TCP Fast Open

TCP 协议每次都要等待 SYN-ACK+SYN-ACK 后，服务器端的 TCP 才会把接收到的数据包传输给应用层，那么，为什么不直接在第一次传输 SYN 时直接发送数据呢？

事实上，在 TCP 上有一个拓展标准是支持这么做的，叫作 TCP Fast Open（简称 TFO），在 TFO 第一次建立连接时和普通 TCP 连接的三次握手是相同的，但客户端会额外得到一个 TFO Cookie。之后再重新建立连接（如断网后重新连接或移动设备切换网络等）时，则直接由 SYN 携带 TFO Cookie 和数据并发送，若服务器端收到校验 Cookie 有效，则直接把数据交付给应用层。

然而，TFO 并没有在所有的客户端和服务器端默认打开，目前绝大多数浏览器都不支持 TFO，并且由于 TCP 作为协议层由操作系统实现，因此升级迭代的速度比较缓慢。

QUIC 和 HTTP/3

QUIC 和 HTTP/3 也在一定程度上优化了建立连接耗时的问题，在第 10 章会详细介绍。

由于 HTTP 协议是基于 TCP 协议的，而 TCP 协议为了传输可靠性是面向连接的，因此需要通过三次握手建立连接。

在 HTTP/2 之后，使用多路复用可以让多个请求在一个连接中进行，尽量避免使用域名拆分仅对 HTTP/1 有效的优化手段，让请求之间可以复用连接。

除此之外，还可以使用 preconnect 提前建立连接，这对于即将发起的请求、即将到来的重定向等非常有效。

7.3 小结

TCP 连接耗时是一个非常典型的问题，在日常开发中几乎不会注意到 TCP 连接耗时，笔者在本地用 DevTools 的 Network 面板或 Performance 面板往往也测试不到，因为本地在大多数情况下都是复用连接的。

TCP 连接耗时和 TCP 连接复用率关系密切，而复用率和业务场景、投放方式、用户群体及其使用习惯也有很大的关系。所以，并不是在 WebPageTest 上看到了 TCP 连接的耗时较高，则其在用户端的耗时就一定高，也不表示看到的耗时较低，其在用户端的耗时就低。

事实上，TCP 连接耗时与很多因素有关，最终只能通过线上回收的数据来判断大多数用户在 TCP 连接上花费的真实耗时。它是一个通过本地测试很难进行复现，并且非常依赖数据分析手段才能解决的问题。

从另一个层面来看，这个问题也很典型，从以往计算机网络课程等方面的相关原理性知识（如 TCP 协议是面向连接的，HTTP 协议建立在 TCP 协议的基础之上），很难了解到这些东西背后到底是什么。

但是从性能的角度来看，可以发现原来 HTTP 协议建立在 TCP 协议的基础之上意味着 HTTP 请求建立连接必然需要一定的耗时。原来 TCP 协议为了保障数据传输的可靠性，会损耗相应的建立连接的时间。原理知识并不是高深莫测、和我们毫无关系的，而是和我们息息相关的。

第 8 章
Fetch 之前浏览器在干什么

第 3 章介绍了 Navigation Timing level 2 模型（见图 3-12）。

在打开一个页面时，浏览器要经过查询 DNS、建立连接、发起请求、得到响应等过程。但是很少有人了解和关注图 3-12 中的 fetchStart 之前都发生了什么。假设把从 startTime 到 fetchStart 这段时间统称为 beforeFetch（后面会介绍为什么是这么粗的粒度而不是更加精确的时间），大部分页面在这个阶段的耗时都不长，但是有些页面的 beforeFetch 非常长，甚至在某段日期中这段时间的耗时突然增加，为了优化这个阶段的耗时，需要先理解这个阶段到底发生了什么。

下面介绍一个现实中 beforeFetch 耗时异常增加，以及后续分析、定位、优化的例子，这个例子也用于介绍如何把第 2~4 章介绍的方法和第 5~20 章的理论知识相结合，从而用来诊断和解决实际工作中遇到的性能问题。

建立首屏指标之后，需要根据采集和上报的数据对页面的首屏进行分析。但是，在某个日期，某个场景的线上首屏指标突然出现明显的变化，如图 8-1 所示。

但排查后一无所获，在这个时间点既没有发生代码变更，线上的页面看起来也没有什么明显的问题。

第 8 章　Fetch 之前浏览器在干什么

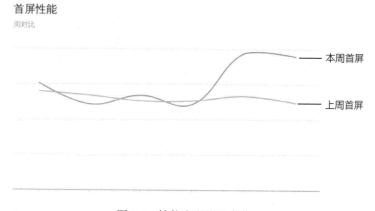

图 8-1　性能出现明显变化

在这种情况下，以用户为中心的度量可以发挥作用。以用户为中心的度量在无法预知会发生什么的前提下可以度量用户感知的性能，并且告知开发人员无论发生什么，用户感知到的性能确实下降了。

在这种情况下，应该如何一步一步抽丝剥茧，找到到底发生了什么呢？一个可行的思路是，从不同的侧面和阶段采集更多的性能指标，并观察哪些指标的异常变化和整体性能变化的趋势有关，从而推断是哪个阶段出现了问题。

通过第 3 章介绍的内容可知，在整体首屏性能上涨的时间点，有以下几个非常值得关注的现象。

- 性能只在某个地区发生变化，在其他地区并没有发生变化。
- 这个地区的 TTFB 并没有明显上涨，但是自 beforeFetch 之后明显上涨。
- 这个地区的 TCP 连接复用率明显下降。

8.1　重定向

重定向一般是指 HTTP 重定向，如常见的有 302/301 等。在 fetchStart 开始前，浏览器先处理重定向相关的逻辑。

例如，当访问 https://baidu.com 时，URL 自动变成 https://www.baidu.com，实际上是服务器端响应 302 使浏览器重定向到 https://www.baidu.com，可以通过执行 curl 命令得到重定向的具体信息，如图 8-2 所示。

图 8-2　从 https://baidu.com 重定向到 https://www.baidu.com

从本质上来看，重定向是当服务器第一次响应时，返回带 Location Header 的 301 或 302 让客户端进行下一步请求。所以，在一般情况下多走了一个完整的请求—响应流程，如图 8-3 所示。

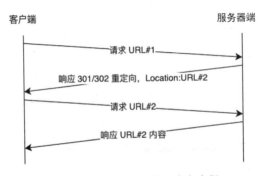

图 8-3　重定向的请求—响应流程

这个阶段实际上是非常耗时的，与直接访问 https://www.baidu.com 相比，相当于多运行了一个发起请求→服务器端响应的流程。可以通过 WebPageTest 查看两者之间的区别。

使用 WebPageTest 访问 https://baidu.com，如图 8-4 所示。

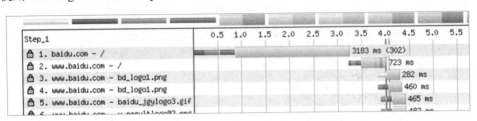

图 8-4　使用 WebPageTest 访问 https://baidu.com

使用 WebPageTest 访问 https://www.baidu.com，如图 8-5 所示。

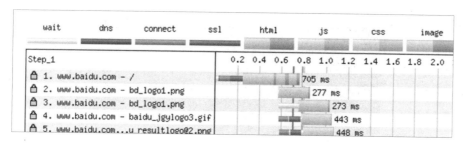

图 8-5　使用 WebPageTest 访问 https://www.baidu.com

可以看到，前者经过 302 相当于多了一个请求—响应的耗时，看似不经意的一次重定向使整个访问时间几乎翻倍。

HTML 重定向

除了直接通过 HTTP Response Header 返回 301/302 重定向，还可以通过<meta>标签告知浏览器重定向到新的地址。

等待 0s 后重定向到 http://www.baidu.com，这样做的好处是只有服务器端的逻辑更加简单（只需要一个 HTTP 状态码为 200 的静态文件也能实现）。

有哪些重定向

重定向并不是总是可以去掉的，以下几种场景对重定向有必要的依赖。

登录鉴权

登录鉴权是最常见的一种需要使用重定向的场景，当用户访问一个需要登录才能访问的页面 A 时，后端鉴权发现当前权限不满足，通过重定向跳转到/login?url=A 这样的登录页，登录成功后再通过重定向跳转回登录前访问的页面 A。

对于登录来说，跳转很难避免，可以把鉴权&登录逻辑前置到上游页面。例如，在前端没有登录信息的情况下，不需要去后端鉴权直接在当前页面通过弹窗的方式让用户登录，通过这种方式可以节约重定向到登录页的耗时。同时，由于登录相关的跳转和当前的用户登录状态有关，因此在大多情况下采用无缓存的 301 重定向。

强制 HTTPS 和主域名跳转

目前，大部分网站都已经适配了 HTTPS，为了安全考虑，当用户访问 HTTP 页面时一般会直接重定向到对应的 HTTPS 页面。

同样情况的还有主域名跳转，如访问 http://baidu.com 时会被重定向到 http://www.baidu.com。有些网站的国别跳转也是在这个阶段完成的，如 http://bing.com 会被重定向到 http://cn.bing.com。

这里其实存在一个问题，由于这些重定向逻辑往往在不同的抽象层实现，因此可能会出现用户先从 http://bing.com 跳转到 http://www.bing.com，然后重定向到 https://www.bing.com 这样多次重定向的情况，浪费了更多的时间。

事实上，截止到 2021 年，Bing 确实存在这样的问题。通过 WebPageTest 测试 http://bing.com，就会发现它并没有一次性直接从 http://bing.com 跳转到 https://www.bing.com，因此浪费了一次重定向的时间，如图 8-6 所示。

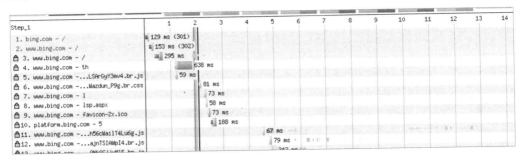

图 8-6　http://bing.com 经过了多次重定向

短链

短链服务可以把长链接转换成较短的 URL，从而方便用户在社交媒体上分享，推特、微博等都会自动把链接转换成自己的短链服务，其跳转过程也是通过重定向实现的。由于在大部分情况下使用的是通用的短链服务，因此能够做的不多，但至少可以确保短链指向的 URL 不再有不必要的重定向。例如，短链的跳转目标应该直接设定到 HTTPS 协议而不是 HTTP 协议，从而避免短链重定向后还需要多次重定向。

站外引流

从 SEO 或站外引流渠道来的流量，往往会采用 Google/Facebook 的服务器的 302 重定向，这部分能干预的也很少。比较典型的是在 Gmail 中发送的链接，如图 8-7 所示。

无论发送的是原链接还是文字链接，在 Gmail 的网页版中打开都会先去 www.google.com 的服务器，并将 302 重定向到 sale.alibaba.com，这个过程会造成相当长的耗时，如图 8-8 所示。

图 8-7　在 Gmail 中发送的链接

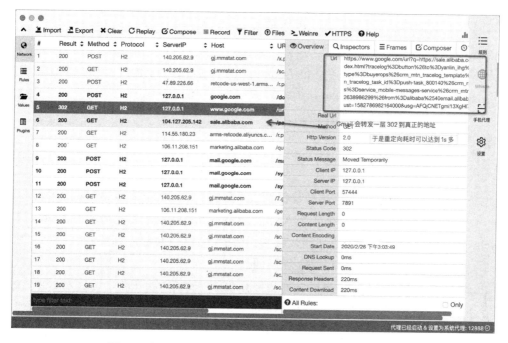

图 8-8　打开 Gmail 的链接会通过 Google 的服务器重定向

前端监控如何统计重定向

前端监控无法精确统计重定向耗时，所以只统计了 fetchStart—navigationStart 的耗时。这是因为浏览器的安全策略规定了只能得到同域重定向的信息，其中也包括性能信息。

其实，按照新的标准，如果重定向的服务器端返回 Timing-Allow-Origin Header，则在 Performance Timing API 中也能得到重定向的相关信息。然而，截止到 2020 年 3 月，Gmail 的跳转仍然没有实现这个特性。

上面列举的常见的重定向的场景几乎都不属于同域重定向（http://baidu.com 和 https://baidu.com 也不属于同域）。在大部分情况下，redirectStart 和 redirectEnd 都是空值。

这也是把整个 beforeFetch 作为一个时间段来讨论的原因，因为在生产环境中影响最大的重定向的时间几乎是无法统计的，所以不得不针对整段耗时进行粗略的分析。

那么，beforeFetch 中除了重定向耗时，还包括什么呢？

8.2 浏览器打开耗时

如果用户从浏览器外（如钉钉、微信等 IM，或者邮件客户端等）打开一个 URL，那么通知浏览器打开新标签页甚至是冷启动浏览器的时间都会被计算到 beforeFetch 中。

经过测试，在 2015 款 15in 的 MacBook Pro 中点击钉钉的 URL 冷启动 Chrome 会导致页面的 beforeFetch 耗时增加 700ms 左右。即使是在 Chrome 打开的情况下从钉钉拉起页面，也会增加 80ms 的 beforeFetch 耗时。

初始化标签页的时间

同样，初始化标签页的时间也被计算在内（其实上面的 80ms 就是初始化标签页的耗时），只是平时感知不明显，如果打开 Auto DevTools for popup，在打开新标签页的情况下 beforeFetch 的时间会增加得非常明显。因为在这种情况下 Chrome 需要为打开一个新标签页提前初始化 DevTools，从而消耗更多的时间。

其实在上面的例子中，邮件推广虽然通过减少重定向的方式优化了大量不必要的耗时，但是由于很多用户仍然从邮件客户端打开页面 URL，因此这部分 beforeFetch 耗时仍然高于常规页面，但对于这部分耗时笔者也无能为力。

unload 的耗时

从图 3-12 中可以看到，beforeFetch 把上一个页面 unload 的耗时也计算在内，那现实情况是否是这样的？

为了验证如何计算耗时，可以先找到一个页面刷新一遍，然后从新的页面中得到相应的 Performance 信息，可以看到确实存在一个 unloadEventStart 时间点。但是 unloadEventStart 时间点并不像图 3-12 中那样是阻塞在 fetchStart 之前的，如图 8-9 所示。

```
> performance.getEntriesByType('navigation')[0]
< ▼ PerformanceNavigationTiming {unloadEventStart: 189.1999999880
    0593, …} 🛈
      connectEnd: 2.2999999970197678
      connectStart: 2.2999999970197678
      decodedBodySize: 310334
      domComplete: 844
      domContentLoadedEventEnd: 402.3999999910593
      domContentLoadedEventStart: 400.59999999403954
      domInteractive: 400.59999999403954
      domainLookupEnd: 2.2999999970197678
      domainLookupStart: 2.2999999970197678
      duration: 847.3999999910593
      encodedBodySize: 72048
      entryType: "navigation"
      fetchStart: 2.2999999970197678
      initiatorType: "navigation"
      loadEventEnd: 847.3999999910593
      loadEventStart: 845.3999999910593
      name: "https://www.google.com.hk/search?q=unloadEventStart+r
      nextHopProtocol: "h2"
      redirectCount: 0
      redirectEnd: 0
      redirectStart: 0
      requestStart: 13.099999994039536
      responseEnd: 393.59999999403954
      responseStart: 174.5
      secureConnectionStart: 2.2999999970197678
    ▶ serverTiming: []
      startTime: 0
      transferSize: 72348
      type: "reload"
      unloadEventEnd: 189.3999999910593
      unloadEventStart: 189.19999998807907
      workerStart: 0
    ▶ [[Prototype]]: PerformanceNavigationTiming
```

图 8-9　unloadEventStart 时间点

同时可以发现，如果打开另一个页面的 URL，则没有 unloadEventStart 时间点。翻阅相关的标准可以发现，这和重定向类似，出于安全策略的需求，需要是同域的页面才能获取上一个页面 unload 的时间点，否则得到的值就是 0。

笔者没有找到关于上一个页面的 unload 的时间点和 fetchStart 之间阻塞关系的具体描述，于是用实验进行验证。由于 unload 的异步代码是不会阻塞页面的，因此耗时不易统计，可以尝试用同步的 JavaScript 构造一个阻塞 unload 的页面。

```
function sleep(delay) {
  var start = new Date().getTime();
  while (new Date().getTime() < start + delay);
}
window.addEventListener("beforeunload", function (event) {
  console.log("Blocking for 5 second...", Date.now());
  sleep(5000);
  console.log("Done!!", Date.now());
});
```

```
console.log('Start timing', performance.timing.navigationStart);
console.log('Fetch start', performance.timing.fetchStart);
console.log('unloadEventStart', performance.timing.unloadEventStart);
console.log('unloadEventEnd', performance.timing.unloadEventEnd);
document.body.innerHTML = Date.now();
```

当刷新这个页面时，预期得到的结果如下。

- fetchStart 的时间等于 unloadEventEnd 的时间，等于第二次 console.log 的时间。
- unloadEventStart 的时间等于第一次 console.log 的时间。

结果和预期并不相同（在 Chrome 97 进行测试），得到的结果如图 8-10 所示。

```
Blocking for 5 second... 1634968151624
Done!! 1634968156625
Start timing 1634968156625
Fetch start 1634968156625
unloadEventStart 1634968156890
unloadEventEnd 1634968156890
```

图 8-10　unload 耗时的结果

- fetchStart、navigationStart 得到的其实都是上一个页面实际 unload 执行完毕的时间点。
- unloadEventStart、unloadEventEnd 是同一个时间点，并且从表现来看和实际 unload 时间、页面开始时间及 fetchStart 时间都没有什么关系。

可以确定的是，上一个页面的 unload 并不影响这个页面的 beforeFetch，这是因为 startTime 是在卸载上一个页面之后开始统计的。

unloadEventStart 时间点、unloadEventEnd 时间点不符合预期，笔者比较倾向于实现问题，并且已经反馈给 Chrome 团队，该问题可能会在未来的版本中得到解决。

8.3　如何优化 beforeFetch 耗时

回到本章开头的例子中，我们现在面临的是异常增加的 beforeFetch，在理解了这个时间段是如何得到的以后，就可以开始尝试分析出现问题的原因。目前已知的条件如下。

- 性能只是在某个地区发生变化，在其他地区没有明显的变化。
- 这个地区的 TTFB 并没有明显增加，但是 beforeFetch 明显增加。
- 这个地区的 TCP 连接复用率明显下降。

比较合理的解释是，在这个时间段内，某个地区针对带有重定向的连接访问量上升，可能是投放了新的链接或开放了新的入口等。从这个思路出发，可以找到性能劣化的时间段有一个针对某地区的邮件推送，而其中推送的内容使用了短链且短链的 URL 指向了 HTTP 页面，这会导致短链重定向到 HTTP 链接后，需要再一次重定向到 HTTPS。

同时，邮件推送的打开用户往往是新访问的用户，这也是 TCP 连接的复用率出现明显下降的原因，因为新用户在打开该页面前还未访问网站，没有可以直接复用的 TCP 连接。

定位到问题的原因之后，优化其实非常简单。正如前言中提到的，找到出现问题的线圈后，需要做的只是用粉笔画一条线——发现短链重定向带来的性能下降后，应尽可能去掉不必要的短链，并把短链跳转对象链接都换成 HTTPS。

通过去掉后面批次邮件推送中的短链，首屏性能和 fetchStart 时间都得到了明显的缓解。虽然仍然比日常的性能数据差，但这是符合预期的，正如前面验证的那样，Gmail 等主流邮件厂商会在跳转过程中通过增加重定向来保护用户隐私信息不被泄露，但这会导致耗时增加，而这部分耗时也确实难以继续优化。同时，为了防止整体的性能分析被这种场景的数据打乱，可以给第三方投放的页面数据进行分组，从而观察在不同条件下的页面性能和分阶段性能。

总体来说，beforeFetch 耗时的优化手段分为以下几种。

重定向逻辑前置

例如，在登录场景中，用户访问页面，服务器端鉴权返回重定向到登录页，登录成功后再返回当前页。如果在上一个页面就已经知道用户打开这个页面一定需要登录并且当前没有登录，那么可以在这个页面做一些预处理，如在用户点击时直接弹出提示框引导用户完成登录，这样可以减少到服务器端鉴权重定向的耗时。

当然，类似的逻辑可能会增加业务逻辑的复杂度，因此，只有在鉴权逻辑比较简单或对性能及转化比较敏感的时候才考虑前置相关的业务逻辑。

合并重定向

合并一些 HTTP→HTTPS、根域名→www 的重定向，避免连续多次重定向。第 20 章会介绍，类似的通用重定向逻辑也可以被前置到 CDN 上。

避免使用短链

如果是非必要的场景，则避免使用短链。一些社交平台（如微博、Twitter 和 Facebook）会把链接转化为自己的短链，如果在投放过程中多次使用不必要的短链，就会导致用户访问时在几个短链服务中重定向，由此消耗的时间会远远超出预期。如图 8-11 所示，重复的短链会造成多次串行的重定向，并且部分短链服务还会额外发起其他的请求，导致性能骤降。图 8-11 中通过两个短链服务最后重定向到 https://baidu.com，大约经历了 4s。

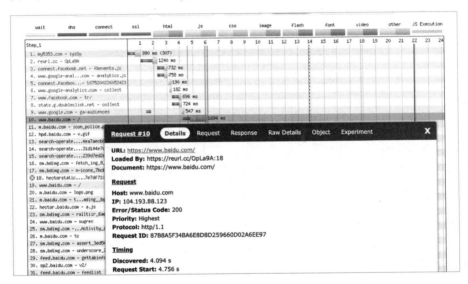

图 8-11　短链服务多次跳转和额外的请求

更糟糕的是，有时候会通过短链跳转到一个 HTTP 页面或类似本身还需要继续重定向的网址，这会使性能问题更严重，并且令人难以察觉。

使用 beforeFetch 度量和分析

很少有人关注浏览器 fetchStart 开始前的耗时，但这部分性能一旦劣化对于页面的性能的整体影响非常显著。其中，重定向时间又无法直接统计，所以一般把 fetchStart 开始前的整体时间作为 beforeFetch 来分析，对中间不必要的重定向尽量进行优化。

另外，本节也通过例子来说明性能分析方法在实际工作中的实践，采用分阶段分析、维度分析、时序分析等手段，能帮助我们从统计数据中定位出问题可能发生的阶段。掌握基础知识（如重定向的耗时原因、重定向在什么场景使用、HTTP 协议和 HTTPS 协议的关联）又可以帮助我们看到数据背后的优化空间在哪里，以及如何进行优化等。后面在介绍基础知识的章节没有列举这样完整的例子，但是希望读者能够理解：这些基础知识在分析问题、解决问题的过程中具有重要作用。

8.4 小结

本章借助 beforeFetch 耗时的优化，介绍了在线上做度量，通过时序分析、维度分析等性能分析手段寻找性能变差的原因，以及定位问题后修复问题的过程。

beforeFetch 耗时不同于其他耗时之处在于，它的时间是没有办法进行精确统计的。同时，也可以看到它的耗时与一些外部因素相关，如短链、邮件推送等都会导致耗时增加。一般来说，难以预防这类事情的发生。

但是，引用足够多的数据，通过对照时间维度和其他维度，就能看到在某个时间点后性能发生了变化，并对可能的因素进行对照。从实践的角度来看，一般在时间点上能够高度吻合的线上变更，往往与发生的变化有非常密切的关系。在分析问题的时候，也可以尽量就这方面的因素展开排查。

第 9 章
HTTPS 协议比 HTTP 协议更慢吗

HTTPS 协议是保障现代网络通信安全的基础设施之一，如果只使用 HTTP 协议进行传输，通信的内容是明文的，那么内容不仅容易被第三方监听，还可能会被篡改，也无法确认对方的身份是否真实。HTTPS 协议正是为了解决这个问题而诞生的，HTTPS 协议就是安全的 HTTP 协议，可以简单地理解为 HTTPS = HTTP + SSL/TLS。

前面介绍了 TCP 连接的建立过程，在有些场景下，建立连接的整个过程中 SSL/TLS 握手尤其慢。例如，图 9-1 中 SSL Negotiation 的耗时明显比较长。

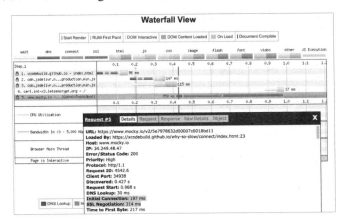

图 9-1　SSL Negotiation 的耗时

那么，SSL/TLS 握手时究竟发生了什么呢？为什么需要使用这样的方式来保障安全？HTTPS 协议是否比 HTTP 协议更慢？

9.1 HTTPS 协议为什么安全

对应 HTTP 协议不安全的原因，HTTPS 协议之所以安全，是因为其解决了 HTTP 协议在安全方面的几个问题。

- 通信内容容易被监听。
- 内容可能会被篡改。
- 无法验证通信方的身份。

HTTPS 协议之所以能做到这些，都依赖于 SSL/TLS 层的工作。

对称加密和非对称加密

在介绍 SSL 之前，需要先介绍两个关于加密的概念，即对称加密和非对称加密。

对称加密

对称加密理解起来比较简单，即用同一个密钥进行加密和解密。最简单的对称加密算法是凯撒加密（Caesar Cipher），是通过将字母按照字母表中的顺序移动若干位实现的。例如，向右移动 3 位，hello 就会被加密为 khoor，加密过程如图 9-2 所示。而解密过程就是把这个过程反过来，按照字母表的顺序向左移即可，而此时加密和解密的密钥其实就是偏移量 3。

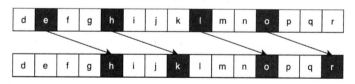

图 9-2　hello 在偏移量为 3 时的加密过程

对称加密的优点是简单，缺点是无法在不可信的通信下安全地完成密钥交换。以上面的问题为例，服务器想要保证传输的数据安全（只有我们可以解密），就得先把密钥传输过来，而发送密钥的过程本身是不安全的，第三方只要截获了密钥的内容就能监听和篡改后续加密通信的内容。

非对称加密

非对称加密可以用来解决密钥的交换问题，它有一组密钥，分为公钥（Public Key）和私钥（Private Key）。私钥只能由一方保管，而公钥则可以公布给任何人。

与对称加密不同，非对称加密算法的加密和解密是用不同的密钥完成的。也就是说，私钥加密后的内容可以被公钥的持有者解密（也可以用于验证私钥持有者的身份），而公钥加密后的内容只有私钥的持有者才能解密。

非对称加密的优势是在建立安全的通信通道前就可以安全地交换密钥，通信的一方只需要持有公钥就可以安全地为另一方发送加密的信息，即使公钥被其他人获取也不会影响通信的安全性。相应地，非对称加密的代价是加密和解密的成本通常远高于对称加密的。

签名

非对称加密除了可以用于加密信息，还可以用于为信息签名。所谓签名，其实是一种用于保证数据完整（未被篡改）和发送方身份的手段。

例如，某天 A 收到 B 发送的一条信息，但是 A 无法判断这条信息在传递过程中是否被其他人修改过，也无法确认 B 的身份是不是他人伪装的。通过非对称加密，B 可以在公开传递信息的同时附加一份自己的签名来保证身份的真实性和内容的完整性。具体的做法如下。

- B 对信息的内容取摘要（B）。
- B 用私钥加密摘要，得到签名，和信息一起发送。
- A 对信息的内容取摘要，得到摘要（A）。
- A 通过 B 的公钥解密签名，得到摘要（B）。

如果摘要（A）==摘要（B），则说明 B 的身份是可靠的（持有私钥），并且内容是完整且未被篡改的（摘要相同）。

SSL/TLS 的实现

有了非对称加密，就可以让客户端向服务器端请求公钥，并通过公钥加密信息和服务器端进行通信，从而保证通信的安全。然而这样做还有以下几个问题需要解决。

- 保证请求公钥本身的过程是不被篡改的。
- 非对称加密的运算成本较高。

证书机制

即使有了非对称加密，仍然需要一套机制来保证公钥传输的可靠性（不能被篡改），否则中间人可以自己先生成一堆密钥，在获取公钥的阶段把自己生成的公钥给客户端，然后用私钥加密信息和客户端通信，用服务器端下发的公钥和服务器端通信，由此完成对通信的监听和篡改而不被发现。为了防止出现这种情况，需要引入数字证书机制。

通过指定权威机构为网站颁发证书，机构通过自己的私钥给证书签名，从而保证证书不可被篡改，并把公钥预置到浏览器和操作系统中。于是，浏览器就可以根据机构的公钥来判断包含网站公钥的证书是否被篡改。

证书链

我们看到的证书在大部分情况下都并不是直接从根节点直接颁发的，如图 9-3 所示。

图 9-3　证书链

浏览器或操作系统中往往会预置一些权威机构的根证书，并由中间证书进一步颁发具体网站具体域名的证书。当出现私钥泄露等情况时，可以直接吊销中间证书并给用户颁发新的证书，中间证书还可以继续产生下一级的中间证书。采用这样的方式可以减少根证书的管理成本，并降低风险。

如果服务器端响应的证书信息中证书链出现缺失，HTTPS 协议的通信过程未必会失败，但是需要浏览器在服务器端响应后下载并补齐证书链，如图 9-4 所示，在证书缺失的情况下，浏览器用一个额外的请求补全证书的内容。

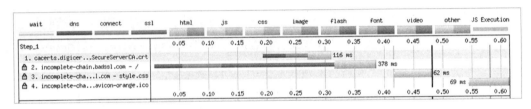

图 9-4　WebPageTest 中证书缺失的情况

SSL/TLS 握手

上面在介绍证书机制的过程中，仅讲述了通过什么机制来保证安全性，简化了 SSL/TLS 实际校验证书和生成对称加密密钥的具体过程，也就是 SSL/TLS 握手过程。

SSL/TLS 握手发生在 TCP 握手之后，主要做以下几件事情。

- 客户端校验服务器端的证书。
- 协商生成对称加密使用的密钥。

整个流程如下。

- 客户端发起 Client Hello。
  - □ 支持的协议版本&加密方式。
  - □ 生成随机数 1。
- 服务器端回应 Server Hello。
  - □ 确认加密方式。
  - □ 返回服务器端证书。
  - □ 生成随机数 2。
- 客户端 Change Cipher Spec。
  - □ 用服务器端公钥加密随机数 3。
  - □ 确认切换加密方法（Change Cipher Spec）。
- 服务器端 Change Cipher Spec。
  - □ 确认切换加密方法。
  - □ 握手完成。

如图 9-5 所示，对称加密的密钥是由过程中的 3 个随机数共同导出的，完成握手后就可以传输加密数据。

和 TCP 握手的不同之处在于，在默认情况下，SSL/TLS 握手需要等待服务器端的 Change Cipher Spec 返回之后客户端才能发送后续的数据，这意味着 SSL/TLS 握手需要至少两个 RTT 才能完成。例如，对 www.bilibili.com 的 SSL 握手过程进行抓包，发现经过两个 RTT（也就是收到服务器端的 Change Cipher Spec 后）才开始发送数据，如图 9-6 所示。

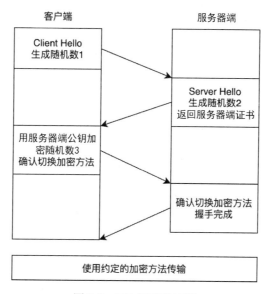

图 9-5　SSL 握手的过程

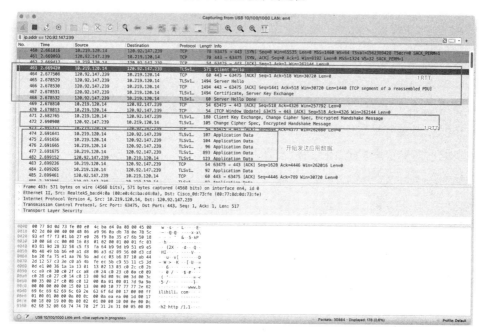

图 9-6　从 bilibili 的首页抓包看 SSL 握手

TLS False Start

可以看到的一个优化点是，可以在客户端 Change Cipher Spec 后立即发送数据，因为服务器端必然也会生成相同的密钥，事实上也确实有这样的优化手段，即 TLS False Start。

如图 9-7 所示，在开启 TLS False Start 的情况下，SSL/TLS 握手只需要 1 个 RTT 的时间。

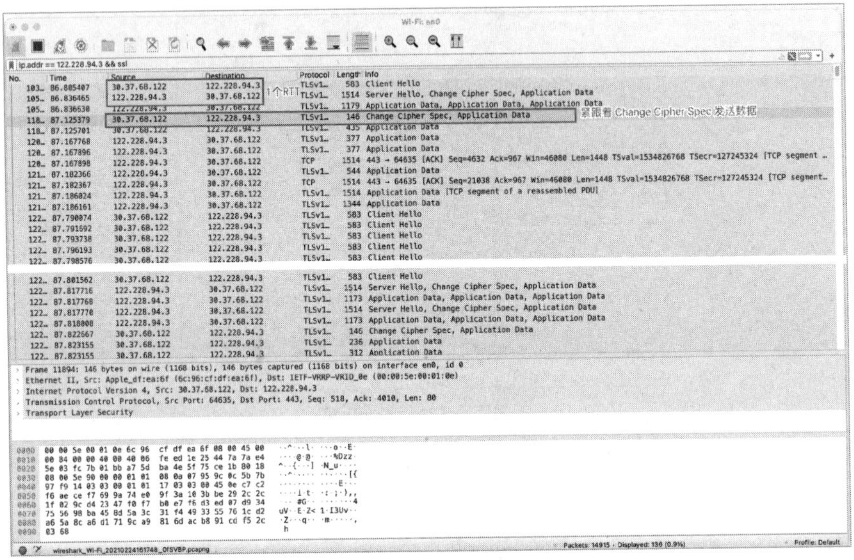

图 9-7 SSL/TLS 握手

开启 TLS False Start 的前提如下。

- 使用支持前向安全性（Forward Secrecy）的加密算法。
- 在服务器端声明支持 NPN/ALPN。

所谓的前向安全性，是指即使未来有人通过某种手段获取了加密和解密的密钥，也无法解密以前的通信内容。

TLS 1.3

在 TLS 1.3 中，TLS 的握手采取同样的方式，只需要 1 个 RTT，不再需要 False Start。

需要注意的是，TLS 1.3 [TLS13] 及更高版本超出了本文档的范围。这些较新的版本将不需要 False Start，因为最小化往返次数的协议流已经成为一阶设计目标。

理解了 HTTPS 协议通过哪种方式做到的安全通信，就能理解其对性能产生的影响。为了平衡性能和安全性，HTTPS 协议在真正通信前需要生成一份用于对称加密的密钥，而为了不泄露密钥内容，需要额外使用非对称加密方式来交换证书。

除了为了通信加密付出的性能成本，为了保障身份安全（即验证服务器端的身份可靠），HTTPS 协议还引入了数字证书的吊销机制，而这个机制在一些场景下带来的性能损耗其实比我们想象的要大，9.2 节会详细介绍如何吊销证书，以及为了能够即时吊销证书，浏览器在性能上会做出怎样的权衡。

9.2　HTTPS 协议如何吊销证书

正如上面提到的，有时候需要吊销一部分已经生效或泄露的证书，这需要一套对应的证书有效性的校验机制。而出乎大多数开发人员预料的是，为了让证书能够被即时吊销，可能会对性能产生非常明显的影响。

CRL

CRL（Certificate Revocation Lists）是由 CA（证书的签发机构）维护的一个定期更新的列表，浏览器会将其缓存在本地，并且在验证证书时查询证书是否在吊销列表中。这种方式最大的缺陷是吊销的时效性会受到限制，而随着吊销的证书越来越多，列表的体积也会越来越大。

在证书的拓展信息中能看到其 CRL 相关的信息，如图 9-8 所示。

图 9-8　CRL 相关的信息

OCSP

上面提到了 CRL 方案的局限性,而 OCSP 正是为了解决这些问题。和下发列表不同,浏览器从在线的 OCSP 服务器请求证书的吊销状态,在保证服务器端的响应确认证书有效后,才继续后面的通信。同样,OCSP 的信息也存储在证书的拓展信息中。

但是这样的机制也存在新的问题,对于客户端来说,每次建立连接前都阻塞式地请求一个 OCSP 显然非常容易出现性能问题,尤其在网络环境并不好的情况下,OCSP 验证流程如图 9-9 所示。

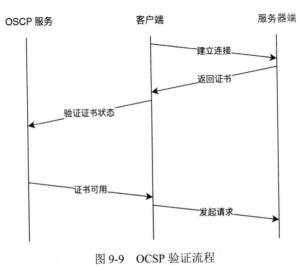

图 9-9　OCSP 验证流程

OCSP Stapling

为了进一步解决 OCSP 带来的问题,引入了 OCSP Stapling。在后端的 Web Server 上开启 OCSP Stapling,让 Web Server 在收到响应的同时请求 OCSP Server 来获取已经签名的 OCSP 信息,再交给浏览器。这样不仅可以避免 CRL 的时效性问题,还可以解决 OCSP 的网络请求性能问题。

这是一种典型的串行转并行的方案,在性能优化中常常用到类似的思想。

浏览器支持的情况

由于 CRL 和 OCSP 存在种种问题,因此如今大部分浏览器在常规(特定类型的证书仍然采用 OCSP,下面会介绍)证书吊销状态验证中都采用其他方案。

- Chrome 使用 CRLSets。
- Firefox 使用 OneCRL。
- Safari、早期 Edge、IE 等则由操作系统控制。

证书类型

除了不同的浏览器采用不同的方式验证证书有效性，启用什么样的证书验证流程和证书类型也有关。

DV 证书

DV（Domain Validation，域名验证型）证书：验证对域名有控制权即可签发，一般来说个人和小微企业会采用。

OV 证书

OV（Organisation Validation，企业验证型）证书：需要验证域名控制权和企业的真实信息才能签发。

EV 证书

EV（Extended Validation，增强验证型）证书：审核方式最严格，会在 OV 证书的基础上验证其他的企业信息。

EV 证书是需要强制 OCSP 验证的，即使 Chrome 停用了常规的 OCSP 检查，EV 证书也会通过这种方式校验其有效性。随之而来的结果就是，使用 EV 证书的网站在 SSL 握手阶段的消耗时间尤其长。

例如，wosign.com 的证书就是 EV 证书，如图 9-10 所示。

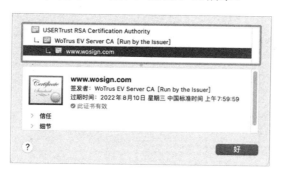

图 9-10　EV 证书

使用 WebPageTest 进行测试可以发现，在这种情况下，Chrome 需要额外发起阻塞请求来验证证书的有效性，如图 9-11 所示。

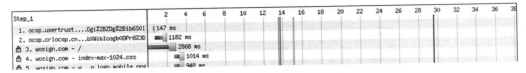

图 9-11　使用 WebPageTest 查看 EV 证书的校验过程

可以看到 OCSP 花费了 1s 多的时间，而在这个时间内用户看到的只有白屏。

第三方请求也可能使用 OCSP

OCSP 不仅对页面的主文档有效，加载的第三方资源如果需要 OCSP 验证同样会发起额外的请求，如图 9-12 所示。

图 9-12　第三方资源的 OCSP 验证造成的额外请求

为什么使用 EV 证书

上面提到 EV 证书代表更加严格的审核流程，2019 年以前各个浏览器也都为 EV 证书标记更加明显的标识，在地址栏中标注绿色和具体的公司信息，也就是俗称的小绿锁，如图 9-13 所示。

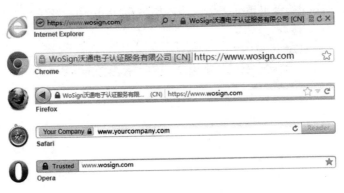

图 9-13　EV 证书的小绿锁

随着各个浏览器厂商推进 HTTPS 协议无感知的过程，小绿锁等影响用户认知的功能被逐步停用，时至今日，EV 证书在地址栏中和其他证书没有明显的差异。

证书验证机制对性能的影响

浏览器对不同的证书类型有不同的验证方式，其中，EV 证书的安全性是最高的，一旦吊销证书，从理论上来说，缓存失效后用户会立刻验证失败，但这么做的代价是用户经常会感受到阻塞式的证书验证过程。其他证书的验证方式相对来说时效性更差一些，但用户在访问过程中没有额外的验证过程。

9.3 HTTPS 协议更慢吗

HTTPS 协议比 HTTP 协议更慢吗？HTTPS 协议由于增加了必不可少的步骤来保障安全性，在性能上是要相对慢一些的。然而，对于大部分正确设置 HTTPS 协议的网站来说是完全值得的，在正确设置的情况下，HTTPS 协议性能损耗完全在可以接受的范围内，也能保证用户访问的安全性。如果因为 HTTPS 协议导致性能出现严重的恶化，可能需要排查是否触发了意料之外的机制。

了解 HTTPS 协议加密、证书链机制、证书吊销机制之后，我们可以从以下几个方面来优化 HTTPS 协议的性能。

确保证书链完整

在证书不完整的情况下，浏览器会通过网络请求来补全证书链。这个过程在平时的开发中并不容易察觉到，所以建议使用 WebPageTest 等线上工具验证当用户第一次访问页面时的完整过程，确保 HTTPS 握手过程中不需要发起额外的请求。

启用 TLS 1.3

启用 TLS 1.3 或开启 TLS False Start，可以节约握手的时间，顺利部署相关的优化后可以通过 WireShark 等软件验证优化的效果，Change Chiper Spec 后面是 Application Data，从而减少 1 个 RTT 的握手时间。

不滥用 EV 证书

EV 证书会触发 OSCP 强验证，因此对性能有一定的影响。目前，EV 证书也没有小绿锁等，如果没有必要，则尽量避免使用 EV 证书和 OSCP。

开启 OSCP Stapling

出于安全考虑，必须开启 OSCP 验证，可以在服务器端开启 OSCP Stapling，这样可以尽量减少 OSCP 带来的额外的性能负担。

由于不同的证书和验证机制可能随着浏览器的行为发生变化，因此具体的优化细节可能会随之改变。我们需要了解的是，安全并不是没有任何代价的，也未必是越严格越好的，需要在了解安全策略的原理后根据需求做出取舍。

9.4　小结

为了带来更好的安全性，HTTPS 协议其实会带来一定的性能损耗，从这些涉及的细节中可以看到，HTTPS 协议中的很多细节对性能都是有一定的考虑的。即使前期的版本对性能的考虑不够周到，在后续的迭代中也会尝试解决这方面的问题。这一点从 TLS 1.3 对握手的 RTT 优化就可以看出来。

除了握手之外，我们平时很少关注 HTTPS 协议的证书校验机制。这个机制本身是为了保障证书在泄露之后，吊销已经不再安全的证书从而减小影响面。其实，这又是安全性和性能的一个权衡。因为如果想要最极致的安全性，就是每次都做强校验，通过请求确认证书现在是不是可用的。如果想得到更好的性能，就不得不在安全性上做出一些妥协，如接受证书吊销并不能马上对所有用户生效。

其实在使用 HTTPS 协议时，应该对想要的安全性和性能有大致的了解。同时，了解哪些手段是可以用的，如当需要开启 OCSP 时，也可以使用 OSCP Stapling 来减少性能方面的损耗。如果场景对于安全性并没有那么高的要求，那么不一定要一次到位地开启 OSCP。

因此，有时可能需要在安全性和性能上进行平衡，同时避免因为我们对于协议的错误理解而造成不必要的性能损耗。

第 10 章
HTTP/2、HTTP/3 和性能

HTTP 协议在不断演进，从 HTTP/1.x 到 HTTP/2，现在的 HTTP/3 也在演进中。对性能的追求是 HTTP 协议演进的主要目的之一。

HTTP 协议的演进看似和上层应用的开发人员并没有什么联系，但是如果从性能的角度考虑，就需要了解协议的新特性要如何发挥作用。除此之外，HTTP 协议演进的背后也有很多值得学习的设计考量和优化方法。

10.1 HTTP/2 和性能

就 HTTP/2 而言，其提高性能的主要手段有连接复用、头部压缩和 Server Push。

其中，上层应用的开发人员对于头部压缩基本没有感知，而连接复用并非总是按照我们预期的那样生效，Server Push 相比于前两个特性没有太大规模的使用。本节主要介绍这几个特性对性能的影响，以及应该如何使用它们。

连接复用为什么不生效

HTTP/2 是相对于 HTTP/1.x 的 HTTP 协议的新版本，目前在服务器端和客户端（大部分浏览器）都已经得到了广泛的支持，如图 10-1 所示。

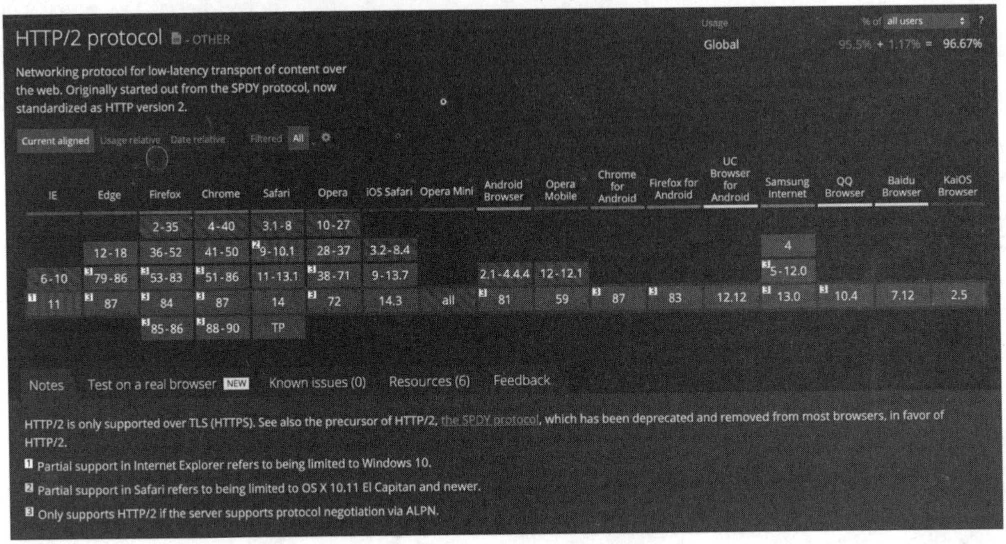

图 10-1　使用 HTTP/2 的示例

下面介绍 HTTP/2 的多路复用和 HTTP/1 的连接复用之间的关联与差异，以及理解背后的原理后如何运用在性能优化上。

连接复用

HTTP 协议是基于 TCP 协议的，而 TCP 协议则是面向连接的。对于 HTTP/1 的请求—响应来说，每次请求就意味着一次 TCP 建连，如图 10-2 所示。而 TCP 建连的耗时是比较高的，而维持大量的 TCP 连接也会占用服务器端的资源，对同一个客户端 & 服务器端建立多个 TCP 连接来传输多个请求—响应显然是一种浪费。

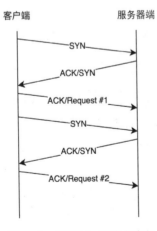

图 10-2　HTTP/1 的请求流程

为了可以重复利用 TCP 连接，HTTP/1.1 支持 Keep-Alive，也就是在 Request Header 中携带 Connection。Keep-Alive 用来表示申请服务器端在响应后仍然保持连接。服务器端可以控制保持连接的时间，默认不会太长，一般为 15s。其实，这里复用的并不是 HTTP 连接，而是多个 HTTP 请求—响应在复用 TCP 连接。

队头阻塞

由于 HTTP 请求—响应是一一对应的，使用同一个连接发送多个 HTTP 请求会产生队头阻塞问题，即第二个请求需要等待第一个请求返回后才能发起，即变成如图 10-3 所示的形式。

注：本节不讨论因为种种原因几乎没有使用的 pipeline(管道化)模式，事实上，pipeline 因为依赖顺序的原因，仍然存在队头阻塞问题。

在这种情况下，虽然多个请求可以复用同一个 TCP 连接而不是关闭重新建立连接，但是请求只能排队逐个进行，第二个请求必须等待第一个请求的响应返回后才能发起，即使它们之间不存在任何依赖关系。为了实现并行请求，客户端（浏览器）可以同时建立多个 TCP 连接来并发发送多个 HTTP 请求，但由于 TCP 连接的建立和维持需要成本，因此浏览器一般以域名为维度限制 TCP 连接的并发数，这个数字大多数是 6。

为了进一步加大请求的并发数量，前端产生了对应的域名分片策略。也就是把原来属于一个域名的多个请求拆分到不同的域名，使浏览器可以并发地建立更多的 TCP 连接。

HTTP/2 对此提出了更根本的解决方案，即让 HTTP 在单个 TCP 连接内可以发送多个请求，并且可以乱序返回，如图 10-4 所示。

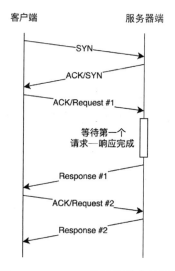

图 10-3　HTTP/1 的队头阻塞问题

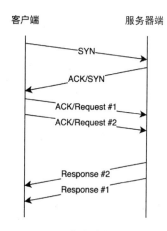

图 10-4　HTTP/2 在多路复用下的请求流程

可以找一个请求比较多的页面在 WebPageTest 上分别启用和禁用 HTTP/2 进行测试，两者的 Waterfall 视图如图 10-5 和图 10-6。

![]](../../../public/images/webpagetest-http2-detail-2.png " | webpagetest-

http2-detail-2"WebPageTest HTTP/2 的 Waterfall"")

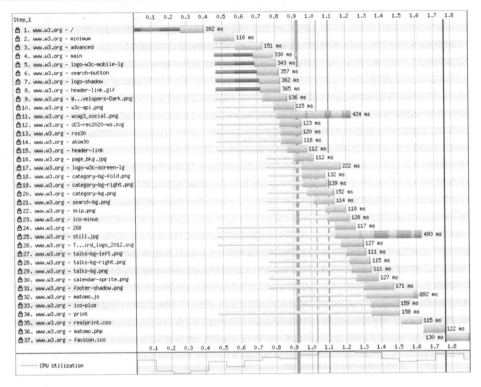

图 10-5　WebPageTest HTTP/1 的 Waterfall 视图

图 10-6　WebPageTest HTTP/2 的 Waterfall 视图

在图 10-5 中，浏览器同时建立了 5 个连接，超出 5 个的并发限制后，请求和响应都是排队进行的。在开启 HTTP/2 的情况下，浏览器只建立了一个请求，所有的请求都是并行发起的，响应的时间也和先后无关，这样整体的响应时间得以提前。

在什么情况下不能复用连接

在实践中，有些 HTTP 请求并不像预期那样复用了同一个 TCP 连接，如对 bilibili 首页进行分析（见图 10-7），发现有的 JavaScript 代码来自同一个域名，从协议看是 HTTP/2，但仍然建立了多个 TCP 连接。

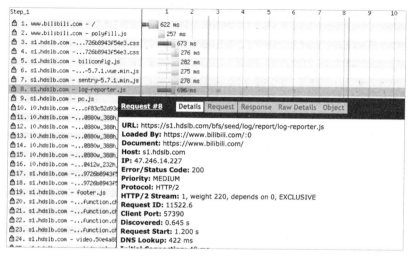

图 10-7　部分 HTTP/2 请求并没有复用连接

对 JavaScript 代码的特点进行分析可以发现，其<script>标签和其他<script>标签的差异在于注明了 crossorigin。

```
<script type="text/javascript" src="//s1.hdslb.com/bfs/seed/log/report/log-
reporter.js" crossorigin>
```

一般来说，crossorigin 常见的作用是让前端的错误收集系统可以跨域收集 JavaScript 脚本产生的错误栈，如在上面的例子中，该脚本如果没有加 crossorigin，就无法捕获并上报生成的错误栈。

根据 Fetch 的标准，一个连接由 key、origin（域）和 credentials 组成，而 crossorigin 的默认值 crossorigin=anonymous 代表 credentials 为 false。

用户代理有一个关联的连接池。连接池由零个或多个连接组成，每个连接都由一个密钥（网络分区密钥）、一个域（origin）和一个凭证（一个布尔值）标识。

而对于<script>标签来说，在默认不加 crossorigin 的情况下是非 CORS 请求，是携带 credentials 的，这也是 JSONP 会携带客户端 Cookie 的原因。

这会导致页面上携带和不携带 crossorigin 的<script>标签使用不同的连接。想要解决这个问题，可以通过为<script>标签注明 crossorigin=use-credentials 来复用同一个连接，或者提前加一个 crossorigin=anonymous 的 preconnect 来提前建立和其他 JavaScript 代码不同的 TCP 连接。

```
<link rel="preconnect" href="//s1.hdslb.com" crossorigin>
```

按照我们的理解，似乎只有同域名的请求才能复用连接，但如果知道 HTTP/2 的多路复用其实是复用 TCP 连接，而一个 TCP 连接是由（Client IP，Host IP，Client Port，Host Port）四元组确认的，就不难理解只要是同一个 Host IP，即使是来自不同的域名也能复用连接。

查看 bilibili 首页的请求会发现，其还在使用域名分片（也就是故意拆分几个不同的域名来加载资源），但因为这些域名都指向同一个 CDN 节点，所以它们解析的 IP 地址其实是相同的（至少在本次访问中是相同的，事实上，CDN 有可能解析到多个不同的节点）。结果就是这些不同域名的请求只是增加了 DNS 的耗时，但仍然复用同一个 TCP 连接，并没有重新建立连接。

如图 10-8 和图 10-9 所示，虽然这两个域名不同，但解析的 IP 地址相同，结果 Request ID 也是相同的，正如我们所推测的，它们的 Client Port 也是相同的。

实践中，跨域名的连接复用还需要考虑其他的因素，如上面提到的 credentials 的问题。另外，在 IP 地址相同的情况下，仍然需要考虑它们的 SSL 证书是否是同一个，否则无法在一个连接上使用两个不同的 SSL 证书。

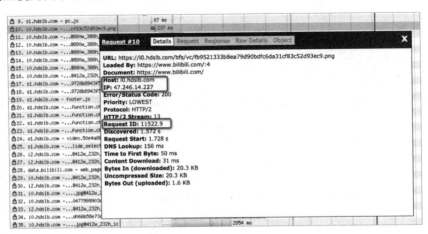

图 10-8 不同域名的请求也能复用连接

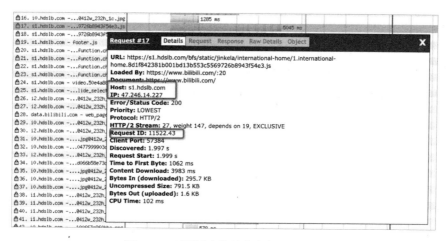

图 10-9　不同域名的请求也能复用连接

理解了 HTTP/2 及其多路复用的工作机制后，就可以有针对性地进行优化。

- 尽可能统一域名、IP 地址和证书，减少建立连接的成本。
- 对于请求是否成功复用连接或 preconnect，需要关注 credentials 是否一致。
- 跨域名也可以复用连接，只是无法节约域名解析成本。
- 停用域名拆分，如果需要保留对 HTTP/1 用户的优化，至少需要让多个域名指向同一个 IP 地址，从而在 HTTP/2 下复用请求。

头部压缩对我们有什么影响

HTTP 日常传输的内容可以通过在 HTTP Header 中的 Content-Encoding 来指定压缩算法进行压缩传输（相关内容会在第 11 章详细介绍），然而在 HTTP/1 中，HTTP Header 本身没有经过任何压缩，是作为纯文本传输的。随着网页内的请求越来越多，这些冗余的 Header 会形成非常大的浪费。

在这些 HTTP Header 中，最常见的占用体积的部分就是 Cookie。

Cookie

HTTP 是无状态的请求协议，即服务器端无法直接获知用户在前面的请求都做了什么。在这种情况下，可以在不同的请求之间存储和传输客户端的状态，Cookie 正好可以用于存储这类信息。Cookie 保存在客户端上，通过 HTTP Header 在每次请求时都携带给服务器端。HTTP Header 中的 Cookie 如图 10-10 所示。

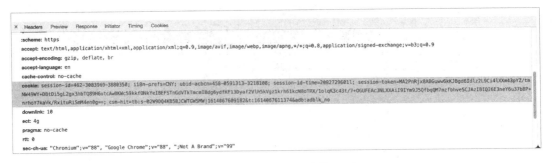

图 10-10　HTTP Header 中的 Cookie

Cookie 对性能的影响

Cookie 一般被限制为 4KB 左右，但对于一个复杂的页面来说，可能有数百个请求，假设每个请求都携带一个 500Byte 的 Cookie，那么 300 个请求的页面就会有 150KB 的 Header。正如上面提到的，这部分体积在 HTTP/1 下是无法压缩传输的。

对于大部分的网络环境来说，上传带宽往往比下载带宽小很多，所以优化这部分体积就显得尤为重要。

限制 Cookie 的作用范围

首先要尽可能减小 Cookie 的作用范围。例如，如果使用如下代码会让所有的 *.mozilla.org 都使用这个 Cookie。

`Set-Cookie: Domain=mozilla.org`

如果指定特定子域名，如为 www.mozilla.org 设定 Cookie，则其他子域名不会携带其中的 Cookie 值。

使用无 Cookie 域名

页面中还有大量的请求其实完全不需要 Cookie，尤其是静态资源、打点请求等。可以划分单独的域名，在这些域名上不写 Cookie，从而减少整体的 Cookie 请求占用的体积。一般用于托管静态资源的域名都是无 Cookie 域名。

HPACK 头部压缩

上面介绍的这些方式都只能缓解问题，为了彻底解决头部传输体积的问题，HTTP/2 引入了 HPACK 头部压缩算法，如图 10-11 所示。

`<!-- 来源: https://docs.******.com/presentation/d/1r7QXGYOLCh4fcUq0jDdDwKJWNq WKlo4xMtYpKZCJYjM/edit#slide=id.gfd0e3427_048 -->`

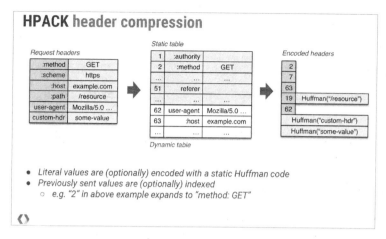

图 10-11　HPACK 头部压缩算法

HPACK 头部压缩算法的工作原理如下。

- 维护一套静态字典，用于存储常用的头部名和常见键值对。
- 维护一套动态字典，用于动态地增加内容。

根据 Cloudflare 的数据，HPACK 头部压缩算法将线上的 Request Header 压缩了大约 76%，如图 10-12 所示。

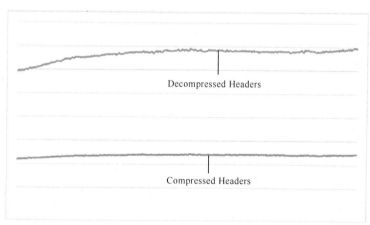

图 10-12　HPACK 头部压缩算法对 Header 的影响

如果我们要自己测试 HPACK 头部压缩算法的效果，则可以安装 nghttp2（以 macOS 为例）。

```
brew install nghttp2
```

使用测试工具 h2load 进行测试。

```
h2load https://www.bilibili.com | tail -6 |head -1
```

可以看到如下内容。

```
traffic: 596B (596) total, 348B (348) headers (space savings 23.35%), 181B (181) data
```

在大多数实际场景中，请求量会更大，并且会携带 Request Header（如 Cookie），所以节约效果会更明显。

还需要使用无 Cookie 域名吗

在有了 HPACK 头部压缩算法之后，是否还需要使用无 Cookie 域名吗？结论是，相对来说没有这个必要，但是仍然可以减少不必要的 Cookie。

在 HTTP/2 中更加鼓励使用连接复用，从而减少不必要的域名散列，和有了 HPACK 头部压缩算法之后的 Cookie 相比，专门新命名域名造成的 DNS 解析和 SSL 握手成本可能会更高。当然，对于本身就计划单独域名托管的静态资源来说，避免不必要的 Cookie 仍然有助于减小传输体积。

为什么没有广泛使用 Server Push

Server Push 也是 HTTP/2 一个广为人知的特性，然而推出至今仍然没有得到广泛运用。

Server Push

Server Push 让服务器端把资源文件和页面一起主动推送给客户端，以此来提高性能。那么为什么到目前为止，Server Push 还是没有得到广泛应用呢？要解释这个问题我们需要先了解使用 Server Push 可以解决的问题及背后的原理。

资源加载遇到的问题

当请求一个页面时，服务器端先返回 HTML，然后浏览器根据 HTML 中的内容开始加载对应的资源。下面先引入一段 HTML 代码。

```html
<html>
  <body>
    <script src="/index.js"></script>
  </body>
</html>
```

浏览器加载 HTML 代码，从中解析到 /index.js 后再发起一个 HTTP 请求去加载 /index.js，如图 10-13 所示。

图 10-13　加载资源的流程

这么做必须通过两轮 HTTP 通信才能完成加载，并且请求静态资源的开始时间比较晚。

解决方案

针对资源加载时间比较晚的问题，有以下几种解决方案。

preload

浏览器提供了 preload 这个 <link> 标签，用于告知浏览器提前加载资源。

```
<html>
 <head>
  <link rel="preload" href="/index.js" as="script">
 </head>
 <body>
  <!-- ... -->
  <script src="/index.js"></script>
 </body>
</html>
```

preload 并不会影响页面的 onload 事件，通过 as 指定要加载的资源类型，支持的资源类型有以下几种。

- image。
- script。
- style。
- media。
- font。
- document。

除了直接在 HTML 中声明，还可以在 JavaScript 中动态地在 <head> 标签内添加 <link rel="preload"> 标签。

```
const preload = document.createElement("link");
link.rel = "preload";
link.as = "script";
```

```
link.href = "index.js";
document.head.appendChild(link);
```

preload 只会提前进行相关资源的加载，不会执行其中的内容。

但是这种方式仍然需要等到浏览器得到 HTML 才能起作用，所以需要发起两个请求，节约 HTML 下载和后续解析时消耗的时间。

内联

另一个更加简单的方案是直接把资源内联到页面中，这样通过一个请求就能加载所有的资源。

```
<html>
  <head>
    <script>/* inline code */</script>
  </head>
  <body>
    <!-- ... -->
  </body>
</html>
```

这种方案的缺点也很明显，内联的代码是无法复用 HTTP 缓存的，使本来能够在多次访问、多个页面间复用缓存的 JavaScript 和 CSS 代码完全失去缓存能力。

Server Push 是如何实现的

HTTP/2 针对这个问题给出的答案就是 Server Push，与只能等待客户端主动请求服务器端不同，Server Push 允许服务器端直接给客户端推送内容。这样在服务器端收到 HTML 请求时，能够主动要求把接下来需要使用的资源主动推送给客户端，如图 10-14 所示。

为了实现这种推送，服务器端需要在响应 HTML 时返回一个 PUSH_PROMISE 帧，同时把需要推送的内容和 HTML 一起返回给客户端，当客户端试图加载 CSS 时，可以根据 PUSH_PROMISE 帧的 ID 读取到对应的流，如图 10-15 所示。

图 10-14　同步把资源推送给客户端

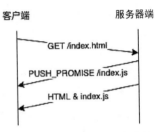

图 10-15　Server Push 的流程

然而，由于服务器端无从判断客户端资源的缓存状况，当服务器端把内容推送给客户端后，客户端可能会发现本地已经有了 /index.js 的缓存，这个时候即使存在 PUSH_PROMISE 帧客户端也会放弃。这意味着 Server Push 同样无法有效地和本地缓存相互复用。

折中方案

折中方案是在服务器端通过 Cookie 猜测用户是否需要 Server Push，仅针对新用户开启 Server Push，而老用户仍然使用正常的请求链路，如图 10-16 所示。之所以叫猜测，是因为有 Cookie 不代表用户一定有缓存，没有 Cookie 也不代表一定没有缓存。

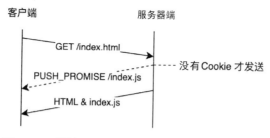

图 10-16　通过 Cookie 猜测用户是否需要 Server Push

存在的问题

了解了 Server Push 试图解决的问题和工作机制以后，我们很容易发现其存在的问题。

缓存复用问题

正如上面介绍的，Server Push 无法有效地和本地缓存相互复用，因此，可能会出现推送到一半发现已经存在缓存的情况。

无法从第三方推送

这其实是一个更大的问题，正如上面介绍的，Server Push 的本质是服务器端在响应 HTML 时把静态资源一起从服务器端响应回来。在一般情况下，由于服务器端离用户的物理距离较远，因此通常把静态资源托管在第三方的 CDN 上。而 Server Push 的原理决定了它无法从第三方服务器（CDN 节点）进行推送，为了尽快开始发送内容而放弃 CDN 在静态资源托管性能上的优势，往往是得不偿失的。

第 20 章会介绍 CDN 在性能方面的作用。

Server Push 的现状

正是上面的两个问题，导致 Server Push 到目前为止仍然没有得到广泛的使用。Chrome 团队甚至讨论是否在 Chrome 的实现中移除对 Server Push 的支持。根据 Chrome 团队在 2019 年的调查可知，Chrome 创建的 99.95% 的 HTTP/2 连接从未收到过推送流，99.97% 的连接从未收到能够匹配请求的推送流,这与 2018 年的数据基本上是一致的,2018 年由 Chrome 团队创建的 HTTP/2 连接中有 99.96% 从未接收过请求流。

Early Hints

Early Hints 是一个试图解决以上问题的新标准草案,允许服务器端在 HTML 响应还没有准备好的情况下先响应一个 103 Early Hints 的响应报文,告知浏览器从什么地方提前加载内容。

```
Client request:

GET / HTTP/1.1
Host: example.com

Server response:

HTTP/1.1 103 Early Hints
Link: </style.css>; rel=preload; as=style
Link: </script.js>; rel=preload; as=script

HTTP/1.1 200 OK
Date: Fri, 26 May 2017 10:02:11 GMT
Content-Length: 1234
Content-Type: text/html; charset=utf-8
Link: </style.css>; rel=preload; as=style
Link: </script.js>; rel=preload; as=script

<!doctype html>
[... rest of the response body is omitted from the example ...]
```

通过这种方式,客户端即可自行判断本地是否存在缓存,也可以从第三方(如 CDN 上)加载额外的资源。相对 preload 来说,不需要等待 HTML 完全准备完毕。

等到 Early Hints 得到广泛支持后,资源提前加载的问题也许就有了根本性的解决方案。

10.2 为什么还需要 HTTP/3

10.1 节介绍了 HTTP/2 的几个特性对性能的影响,既然使用 HTTP/2 可以解决这么多问题,为什么还要引入 HTTP/3 呢?本节主要介绍使用 HTTP/3 可以解决的问题,以及在什么场景下会对性能有帮助。

HTTP/2 存在什么问题

无论是 HTTP/1 还是 HTTP/2，都是基于 TCP 协议的，这意味着有一些由 TCP 协议带来的问题很难得到解决。

TCP 队头阻塞问题

10.1 节介绍了 HTTP/2 通过多路复用解决了 HTTP/1 的队头阻塞问题，但 HTTP/2 仍然存在 TCP 层面的队头阻塞问题。虽然基于 TCP 协议的 HTTP/2 允许乱序的传输请求和响应内容，但是作为一个可靠传输协议，在丢包、乱序的情况下，TCP 协议仍然能保证按照顺序接收数据。TCP 协议在传输过程中把数据拆分成一个个按照顺序排列的数据包，这些数据包通过网络传输到接收端后，按照原有的顺序重新组装成原数据并被应用层消费。这意味着虽然两个请求在 HTTP 层面是乱序的，但是如果前面的请求出现了丢包，那么 TCP 协议必须等待重传的包按照次序读取出来，这就是 HTTP/2 的队头阻塞问题，如图 10-17 所示。

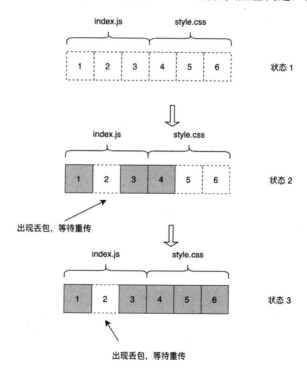

图 10-17　HTTP/2 的队头阻塞问题

如图 10-16 所示，当 TCP 层面的数据包出现丢包时，即使从 HTTP 层面来看 style.css 的响应已经完成，也会因为 TCP 协议的限制需要等待前面丢包的数据包重传完成。所以，从状态 1 到状态 3，这两个 HTTP 响应都处于未完成状态。

TCP 握手时长

第 7 章介绍了 TCP 协议建立连接的成本耗时。在最好的情况下，建立一个 TCP 连接需要 1 个 RTT，如果带上 SSL 握手就需要 3~4 个 RTT。虽然 HTTP 可以通过连接复用减少建立连接的次数，但是仍然存在连接成本。

移动场景的网络切换成本

随着移动设备越来越多，用户的网络环境经常发生变化，如从 Wi-Fi 切换到 4G 网络或 5G 网络，用户自身的 IP 地址就会发生变化。而 TCP 协议是根据（客户端 IP 地址，客户端端口，服务器端 IP 地址，服务器端端口）这个四元组来确定一个连接的，在这种场景下连接会失效，需要重新建立连接。

HTTP/3 如何解决问题

HTTP/2 的这些问题并非 HTTP 协议本身的问题，而是由 TCP 协议带来的。那么 HTTP/3 要解决这些问题，需要先解决 TCP 协议带来的问题。

升级 TCP 协议是否可行

网络上的数据传输并不是机器到机器，中间要经过大量的中间设备（路由器、交换机等），如果想要对 TCP 协议有较大的更新，就意味着这些中间设备都需要升级。TCP 协议是由操作系统内核实现的，无论是客户端还是服务器端，操作系统的升级都需要相当长的周期。这意味着 TCP 协议的升级需要非常长的时间才能得到广泛的部署。

QUIC over UDP

升级 TCP 协议不可行，重新创建新的协议同样会碰到一样的问题。剩下的方案就是基于 UDP 定制在此之上的协议。

QUIC（Quick UDP Internet Connection，快速 UDP 互联网连接）就是这样的方案，最早由 Google 提出，而后 IETF 决定把 QUIC 上的 HTTP 定为 HTTP/3，以作为标准化方案。TCP 被设计为一个管道，所以对自己传输的内容并不去理解，这也是 TLS 必须在 TCP 连接的基础上再进行额外的握手，以及 HTTP/2 的多路复用无法在丢包的情况下完成乱序响应的原因。相比之下，QUIC 试图理解 HTTP 协议的传输内容，由于大部分的 HTTP 请求都需要 TLS，因此 QUIC 把协商密钥的过程作为自身协议的一部分，如图 10-18 所示。

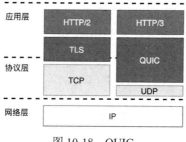

图 10-18　QUIC

队头阻塞问题

由于 HTTP/2 依赖 TCP 协议本身按照顺序组装数据包的能力，因此在出现丢包时仍然存在队头阻塞问题。而 QUIC 中提供了类似 HTTP/2 多路复用中的数据流（Stream）的概念，在单个数据流中依然保证有序交付，而多个数据流之间互不影响。

如图 10-19 所示，通过这种方式，在同一个连接下，即使 Stream1 出现丢包，也不妨碍 Steam2 中的资源传输完毕。

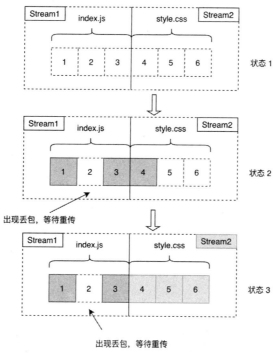

图 10-19　QUIC 如何解决队头阻塞问题

握手耗时

要减少握手耗时，QUIC 就需要在尽可能短的时间内建立连接和交换 TLS 密钥。交换密钥需要 2 个 RTT 才能完成，而 TLS 握手和 TCP 握手是完全分开进行的，这意味着整体至少需要 3 个 RTT（在 TLS 1.3 中是至少 2 个 RTT）。

QUIC 摆脱了 TCP 协议的限制，可以把连接的握手和交换密钥的握手在一次完成，从而实现 1 个 RTT 的握手，如图 10-20 所示。

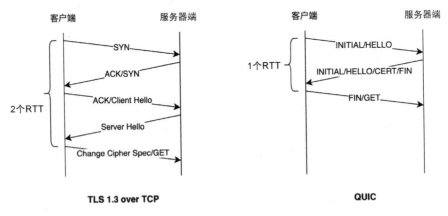

图 10-20　QUIC 的握手

移动场景优化

TCP 限制连接由（客户端 IP 地址，客户端端口，服务器端 IP 地址，服务器端端口）这个四元组确定，当客户端 IP 地址发生变化（如从 Wi-Fi 切换到 4G 网络或 5G 网络）时连接必然失效，而 QUIC 针对移动场景常常出现网络环境变化的情况，支持连接迁移（Connection Migration），也就是当客户端改变网络 IP 地址后，也能够保持连接不间断。

QUIC 和 HTTP/3 解决了 HTTP/2 因为依赖 TCP 协议而无法解决的几个遗留问题，握手成本更低，不存在 TCP 队头阻塞问题，并且支持对移动网络格外友好的连接迁移。除此之外，基于 UDP 的协议层实现给未来的协议升级和改造提供了更高的灵活度。

10.3　小结

整个 HTTP 协议的升级迭代过程，其实在很大程度上是为性能服务的。

从 HTTP/1 到 HTTP/2，笔者都试图用多路复用、头部压缩等解决 HTTP/1 在性能方面的缺陷。之所以在 HTTP/2 之后仍然有 HTTP/3 这样的升级，是因为到了 HTTP/2 之后，HTTP 协议在性能方面的不足主要都是由 TCP 协议带来的。

基于 TCP 协议意味着也会受到 TCP 协议的限制，TCP 协议会保证传输顺序，但并不理解自身传输的内容（HTTP）。当出现丢包时，即使有独立的 HTTP 请求内容传输完毕，也会因为等待丢包重传而无法交付给应用层使用。所以，为了摆脱 TCP 协议的限制，HTTP/3 基于 UDP 协议实现。

从 HTTP 协议的升级过程可以看出，网络协议与性能的联系是非常紧密的，从 TLS 协议升级的过程中其实也能看到对性能的考量。

除此之外，协议的性能特性对开发人员来说也不是无感知的，理解了协议特性背后的原理，才能选择合适的优化手段。

第 11 章
压缩和缓存

随着网络传输技术和设备性能的发展，静态资源的传输体积在不断增加，如图 11-1 所示。

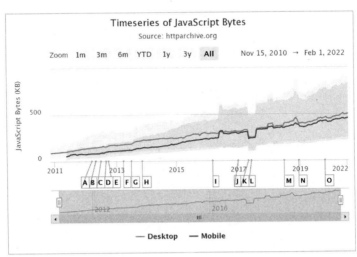

图 11-1　静态资源的传输体积的变化趋势

对静态资源传输速度的优化除了第 20 章介绍的 CDN 技术，还有压缩和缓存。

11.1 传输速度和压缩速度如何兼得

上面介绍了在重定向、建立连接和请求方面的耗时，下面介绍传输阶段的耗时。

网络的传输速度在很多场景下是有限的，当下载比较大的文件时，下载 zip 包并解压缩往往比直接下载源文件要快得多。同样，对于页面访问的网络传输来说，压缩可以大大减少网络传输的压力，所以 HTTP 协议针对传输内容的解压缩也做了定义。

不同的压缩方式具有不同的压缩效率和性能损耗，如 br 压缩比 gzip 压缩的效果显著，但是会增加服务器端处理耗时。

本节介绍 HTTP 协议在传输压缩方面的工作方式，以及理解了该工作方式后如何正确地使用不同的压缩方法。

Content-Encoding

为了使客户端和服务器端能够协商通过什么样的方式对传输的内容进行压缩和解压缩，HTTP 协议提供了一组 Header。

- accept-encoding：作为 Request Header 让客户端声明自己支持的解压缩方式，一般为 gzip、deflate、br。
- content-encoding：作为 Request Header 让服务器端表明传输内容的解压缩方式，如 gzip 压缩的内容为 content-encoding: gzip。

当服务器端接收到一个网络请求时，根据 accept-encoding 的列表选择一种客户端可以接受的压缩方式，将内容压缩后响应给客户端，如图 11-2 所示。

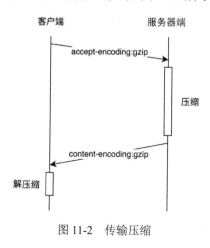

图 11-2　传输压缩

gzip 压缩和 br 压缩

目前，常用的压缩方式是 gzip，而 br（即 Brotli 压缩）是 Google 提出的更高效的压缩方式。目前，br 压缩在浏览器端已经有了广泛应用，但仍然需要考虑兼容问题，如图 11-3 所示。

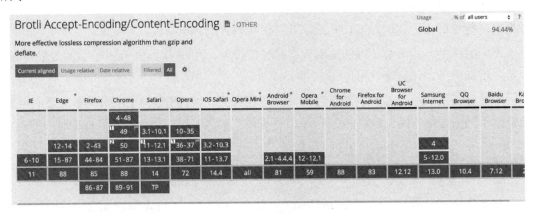

图 11-3　br 压缩的浏览器支持情况

另外，br 压缩的服务器端的处理速度相对来说更慢，如图 11-4 所示。

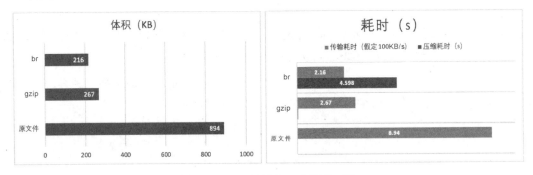

图 11-4　gzip 压缩和 br 压缩的对比

由图 11-4 可知，br 压缩的耗时明显更长，而 gzip 压缩的耗时很短。

实时压缩

实时压缩是最常见的压缩方式，先在 Nginx 或某层对响应的内容做 gzip 编码，再返回给用户。例如，前面提到的传输大量数据的 API 就可以采用这种方式。

这种方式会增加服务器端的处理负担和耗时，但与节约的传输时间相比往往是值得的，一般来说花费在传输上的时间远大于压缩加解压缩的时间，如图 11-5 所示。

图 11-5　实时压缩

离线压缩

对于较大的静态资源文件来说，使用实时压缩的方式有些浪费。尤其是在想要启用 br 压缩的情况下，参考图 11-4 来看，br 压缩本身消耗的时间可能会无法通过传输时间的减少补偿回来，结果整体的耗时反而更长。

静态文件的内容实际上是不变的，所以另一种方式就是在资源发布前对其进行压缩，并把压缩后的文件托管到静态服务器上。根据传输压缩的协商过程，让后端通过 accept 头判断客户端支持什么压缩，同时通过 content-encoding 告知前端当前响应的内容采用的是哪种压缩方式。离线压缩如图 11-6 所示。

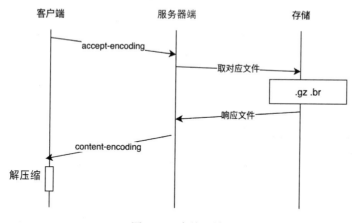

图 11-6　离线压缩

实际上，静态资源的托管必然还需要通过 CDN，如何在 CDN 侧分开缓存不同的压缩编码格式这里先不展开介绍，但会在第 20 章详细介绍。

注：图片和视频等往往本身就已经是压缩编码后的，因此，不需要在传输时使用额外的压缩方式。

如何优化传输性能

针对传输速度过慢的问题，可以根据不同的资源采用不同的压缩方式。

- JavaScript/CSS 等静态资源优先采用离线 br 压缩的方式。
- 确保静态资源/接口/HTML 等都至少开启了 gzip 压缩，启用压缩和完全不启用压缩的对比效果非常显著。

11.2 HTTP 缓存什么时候会失效

对传输性能进行优化，可以让静态资源更快地被传送到用户机器上。但在大多数情况下，静态资源是不怎么变化的，出于流量和性能方面的考虑，应该尽可能让用户使用本地缓存。

缓存不仅仅是浏览器的事情

缓存不是浏览器本身能够完成的事情，因为在没有服务器端的其他信息的情况下，浏览器是无法判断资源的缓存是否过期的。其实，关于缓存的协商属于 HTTP 协议的一部分。HTTP 协议中的一些 Header 和 Status Code 正是为了让客户端和服务器端缓存资源制定的。

缓存 Header

因为针对缓存的控制需要浏览器和服务器端协同完成，所以它们需要一种传递信息的方式，事实上，目前的缓存主要通过 HTTP Header 来传递信息。

以一张图片为例

以一张图片资源为例，可以打开 Chrome 的开发者工具，随便找一个 200（from memory cache）的资源，可以看到请求报文和响应报文的 Header，如图 11-7 所示。

强缓存

cache-control 大概是最广为人知的控制缓存的 Header，这也是最简单的缓存控制策略，即浏览器通过缓存的最大生存时间来判断资源的缓存是否有效。

一般这种在浏览器端直接判断缓存是否有效的方式称为强缓存。

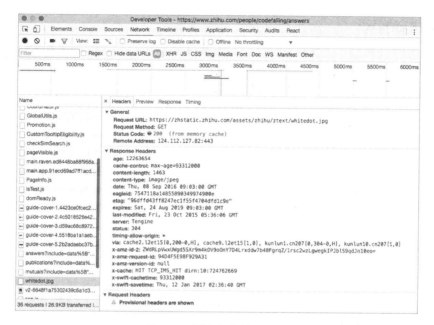

图 11-7　缓存相关的 Header

如图 11-7 所示，来自服务器端的 Response Header 的 Header 中有 cache-control: max-age=93312000，这就是告诉浏览器该资源的生存时间，在这个时间之内，浏览器不需要向服务器端再做任何确认，直接使用即可。Request Header 是空的，因为浏览器根本没有发出请求，所以这里显示的 Response Header 是之前的请求中缓存的。

除了 max-age，cache-control 还有一些其他的参数，这里不一一介绍。

expires

在缓存的 Response Header 中还有一个 expires: Sat, 24 Aug 2019 09:03:00 GMT 字段。这个字段的意义其实和 cache-control: max-age 的效果是相似的，在指定的时间之前浏览器都可以认为缓存是有效的。但当两个字段同时存在时，expires 会被 cache-control 覆盖。

为什么知乎要同时设置两个字段呢？由于 expires 是 HTTP/1.0 定义的，cache-control 是 HTTP/1.1 定义的，笔者认为可能是为了保持尽可能大的兼容性（待考证）。

协商缓存

上面的缓存策略只能简单地让浏览器来确定缓存是否有效，而浏览器能够依赖的只有上次请求时服务器端留给它的资源存活时间。不能把存活时间设成永远，因为可能会更新资源的内容，但隔一段时间重新请求一次并没有改变的资源同样浪费带宽。所以，必须有让服务器告诉浏览器缓存仍然有效的方法，即协商缓存。

在服务器端判断缓存仍然有效时会返回状态码 304 的响应，如图 11-8 所示。

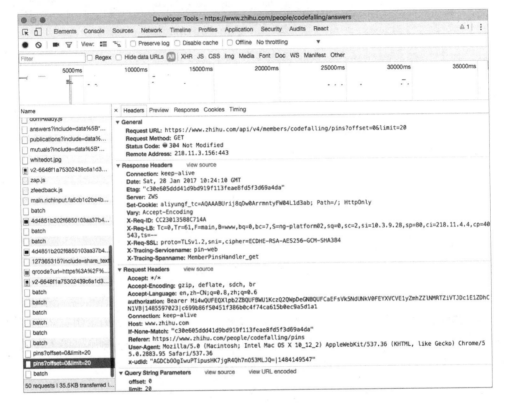

图 11-8　协商缓存

服务器是如何判断浏览器持有的缓存是否有效的呢？这就需要浏览器将一些信息传递给服务器。

If-None-Match/ETag

知乎网站采用 ETag 来判断缓存是否有效，服务器端会在 Response Header 中返回 ETag（一般使用文件内容的哈希值）。

```
ETag:"2afd9676ae9046ed99dedd4635bb6e4a"
```

当资源改变时 ETag 也会改变。浏览器在发起请求时在 If-None-Match 字段携带缓存的 ETag。

```
If-None-Match:"2afd9676ae9046ed99dedd4635bb6e4a-gzip"
```

服务器接到请求后如果一致（即资源没有修改），则返回 304 Not Modified，否则返回新的资源（200）。

`If-Modified-Since/Last-Modified`

除了文件特征码，还可以通过对比上次的修改时间来实现协商缓存。

服务器端在返回资源时在 Last-Modified 字段中携带资源修改时间，浏览器通过 If-Modified-Since 字段携带缓存中资源的修改时间，在浏览器端对比修改时间是否是最新的来判断是否使用缓存。

ETag 和 Last-Modified 的区别

Last-Modified 的缺点是精确到秒，如果一秒中资源多次改变，服务器不会感知到缓存失效，但大部分情况下不需要这么高的实时性。与 Last-Modified 相比，ETag 会消耗更多的服务器端的 CPU 资源。

总体来说，HTTP 缓存是由服务器端和浏览器协作进行的，浏览器先根据 Response Header 中的字段判断是否直接不发送请求而使用本地缓存，一般称为强缓存；如果不走强缓存再发起请求，服务器端则根据 Request Header 中的字段判断是否命中缓存，如果本地缓存可用则返回 304，否则返回 200 的完整内容，这个过程一般称为协商缓存。缓存流程如图 11-9 所示。

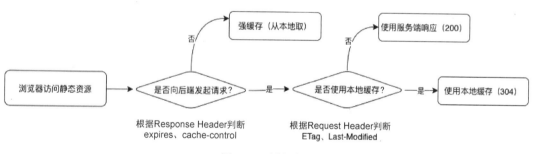

图 11-9　缓存流程

11.3　小结

压缩和缓存是性能优化中最简单、有效的优化方式，对于大部分网站来说，它们是必不可少的。在现代的 Web 开发中，静态资源传输占据了绝大部分的网络资源，在传输它们时进行压缩和缓存是非常有必要的。

压缩和缓存又并不是那么简单，它们的工作从本质上看仍然与 HTTP 协议紧密相关。例如，传输压缩其实是客户端与服务器端通过协商来实现的，压缩的过程和传输解压缩的过程并不是一定在同一个时间段发生的。

了解这个过程之后，就可以在不损失压缩性能的条件下，尽可能享受 br 压缩带来的体积优势。

对于缓存来说，协商缓存和强缓存在性能上也存在根本差异，对于一些网络条件比较差的场景，协商缓存需要请求服务器端，所以性能并不是很好。因此，需要根据具体需求进行选择。

第 4 篇　浏览器与性能

↘ 第 12 章　浏览器和性能
↘ 第 13 章　异步任务和性能
↘ 第 14 章　内存为什么会影响性能
↘ 第 15 章　使用 ServiceWorker 改善性能
↘ 第 16 章　字体对性能的影响

第 12 章
浏览器和性能

浏览器作为 Web 世界的入口扮演着重要的角色,网络协议的迭代升级也依赖于浏览器端的实现。

为了让网站和 Web 应用有更好的性能体验,浏览器所做的努力不仅于此,Google 把 Chrome 定义为 Fast, Secure Browser,性能可以说是 Chrome 的第一特性。

为了解决 Web 世界的主要编程语言 JavaScript 的性能问题,Chrome 团队创建了新的 JavaScript 引擎,即 V8,并且持续不断地优化性能。2008—2018 年 V8 的性能演进如图 12-1 所示。

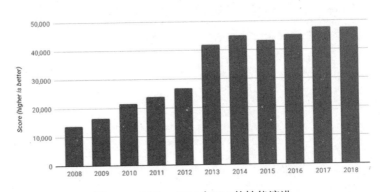

图 12-1　2008—2018 年 V8 的性能演进

2008—2018 年，V8 在性能测试中的得分大约提升了 4 倍，为了极致的性能，V8 引入了和传统 JavaScript 引擎解释执行不同的 JIT 机制，在运行时根据需要生成对应的机器码，而不是单纯通过解释执行来获得更好的性能。

针对频繁执行的代码逻辑（一般称为热点），V8 会尝试进行优化来提高执行效率。例如，JavaScript 虽然是弱类型的，但 V8 会猜测类型并试图直接走最高效的执行路径。

```
function add(a, b) {
    return a + b;
}
```

当大量执行 add(a, b) 参数都是数字并且被 V8 判定为热点时，就会直接优化为有类型的确定操作，猜测不能生效时再退化为未优化的逻辑。

V8 在性能上提供的特性远不止这些，事实上，由于编程语言层面的优化繁复且迭代迅速，并且 JavaScript 目前的性能在大多数场景下并不是一个问题，在某几行 JavaScript 运行的性能成为瓶颈前，不建议研究使用什么样的写法更能被 V8 优化（因为这种知识很容易过时，而且代码也不仅仅运行在 Chrome 浏览器上）。在 14.1 节会再次提到 V8 的一些实现机制，这是因为绝大多数现代 JavaScript 引擎都采取了类似的做法，并且理解这些机制有利于读者了解为什么内存管理不当会产生如此明显的性能问题。

除了在 JavaScript 引擎上做了大量的工作，浏览器厂商也在积极推进能够改善性能体验的标准，如通过 ServiceWorker 允许开发人员接管网络请求，在弱网环境甚至离线时为用户提供服务。

即使不考虑浏览器提供的大量新特性，很多 Web 性能方面的瓶颈也和浏览器的实现有关系，DOM 操作的性能从本质上来看和浏览器的渲染机制高度相关，异步任务的控制也是由浏览器这个宿主环境决定的。浏览器作为绝大多数 Web 应用和网站的运行容器，其工作机制对应用性能的影响正如操作系统对桌面软件的影响。

本章着重介绍浏览器的那些和性能联系比较密切的特性与工作原理。

12.1 第一次渲染时都发生了什么

页面从加载到渲染完成往往要经过很长时间，除了第 11 章介绍的各种网络方面的消耗，浏览器渲染一个页面也需要相当长的时间。部分资源在加载完成之前页面完全是白屏，而部分资源在加载完成之前页面不完全是白屏。从 DevTools 的 Performance 面板来看，似乎又不是所有的时间都花在下载和执行 JavaScript 上。

那么这个过程到底有哪些因素显著影响页面渲染的性能呢？本节主要介绍浏览器在渲染一个页面时都发生了什么，以及这个过程中的资源加载又会对页面造成哪些影响及其背后的原因。

由于不同的浏览器在一些实现细节上存在差异，因此下面以 Chrome 作为例子展开介绍。

最小的渲染路径

下面介绍浏览器从加载到渲染一个页面需要经过的最小的渲染路径。

生成 DOM 树

当浏览器开始接收到 HTML 的数据流时，主线程就开始解析 HTML 并且转换成 DOM（Document Object Model）树，如图 12-2 所示。解析（Parse）HTML 的过程和解析其他编程语言的过程非常相似，由于和性能并没有直接相关的地方，因此这里不展开介绍。需要注意的是，这里的解析过程是流式进行的，浏览器在接收到一定量的 HTML 时解析就会开始。

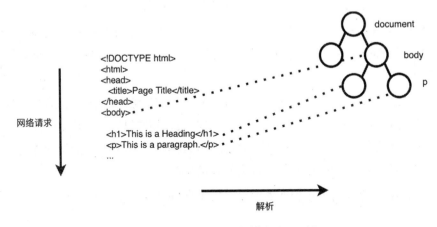

图 12-2　把 HTML 解析为 DOM 树

DOM 树是面向 JavaScript 的数据结构和一组 API，开发人员可以通过 JavaScript 来访问和操作页面内容。

资源加载

在解析 HTML 的同时，浏览器会开始请求页面中能够解析出的资源，如图片、CSS、

JavaScript 等。

包括<link rel="preload">在内的等标签也是在这个时候被解析出来的，并且触发响应的提前加载等。

阻塞解析的 JavaScript

解析 HTML 的过程并不是一帆风顺的，如果浏览器在这个时候遇到内联的 JavaScript 或没有 defer/async 的<script>标签，就不得不阻塞 HTML 的解析，而是先下载并且执行 JavaScript 的内容。这是因为 JavaScript 有可能通过 document.write()彻底改变接下来的 DOM 内容。

如果不需要 JavaScript 使用 document.write()，那么尽可能移到 HTML 的底部，并且针对异步加载的<script>标签使用 defer 或 async。

生成 CSSOM

仅仅有了 DOM，渲染并不会开始，因为如果给用户看一个没有 CSS 的页面其实意义并不大。所以，接下来浏览器需要解析样式并且生成对应的 CSSOM，这个过程同样由主线程完成，浏览器在解析 CSS 后会根据选择器和规则生成对应的 CSSOM，如图 12-3 所示。

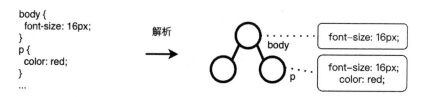

图 12-3　生成 CSSOM

CSSOM 同样具有树结构，使用这种数据结构，浏览器能够应用一些规则（如<body>标签的 font-size 默认适用于<body>标签的所有子元素）。除了用户定义的 CSS，浏览器还会提供一套默认样式（User Agent Stylesheet），如 h1 默认具有比 h2 更大的 font-size 等。

生成渲染树

浏览器从 DOM 树开始遍历节点，并在 CSSOM 中找到每个节点对应的样式规则，将两者合并成一棵树用于渲染，即渲染树，如图 12-4 所示。

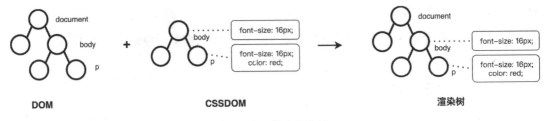

图 12-4　构建渲染树

计算布局

现在有了包含样式和内容的渲染树，然而浏览器仍然无法开始绘制，因为浏览器并不知道应该把每个元素放在什么位置及具体的大小等几何信息，CSSOM（可以理解为 computed 的 style）中并不包含元素的具体位置。事实上，无法根据单独的元素和 CSS 计算出它的几何信息，因为不同元素之间的位置是相互影响的，A 元素增加一个 margin 可能就会导致 B 元素的位置向下移动。而计算元素具体的几何信息的过程就是布局（Layout）。

为了计算具体的几何信息，主线程开始遍历渲染树，把相对的位置布局和大小等都转换成屏幕上的绝对像素。CSS 盒模型、flex 布局等就是在这个时候完成的，字体规则也是在这个时候应用的，浏览器还需要考虑字体间距和连写（Ligature）等支持（图 12-5 所示是支持连写的编程字体 Fira Code，其大小等会随着连写发生变化）。

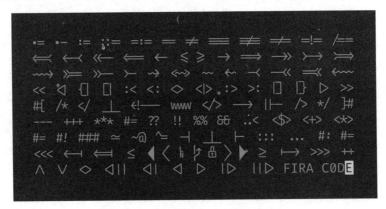

图 12-5　支持连写的编程字体 Fira Code

CSS 支持的布局能力非常丰富，因此布局的工作非常复杂，仅仅是一行文字的断行发生变化可能就会导致大面积的重排。

至此，浏览器生成了和 DOM 对应的布局树，如图 12-6 所示。

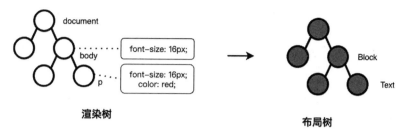

图 12-6　构建布局树

分层

有了完整的渲染树和布局树,以及页面的内容、样式和布局,但是我们不知道应该按照什么顺序绘制元素,最后才不会导致一个元素错误地覆盖另外一个元素。这种覆盖可能会发生在 z-index、3D 变换等场景下,因此需要针对这些元素生成对应的图层树(Layer Tree),如图 12-7 所示。

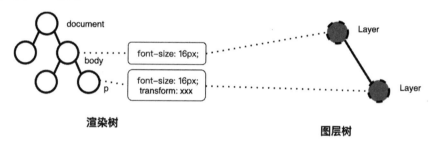

图 12-7　构建图层树

有了图层划分之后,就能知道按照什么顺序进行绘制,如 Bing 首页的分层,如图 12-8 所示。

绘制

有了各个图层后就可以开始绘制内容。现在要把这些几何信息真正输出成像素点,这个过程称为光栅化(Rasterize),并且将各个层进行合并,这个过程称为合成(Compositing)。前面介绍的过程都是在主线程中完成的,这是因为从多个线程访问 DOM 是一件非常复杂的事情,JavaScript 在操作 DOM 时可能会依赖布局的结果(如获取元素位置)。而到了光栅化和合成阶段,就可以把主线程从繁忙的工作中释放出来,接下来的事情可以交给合成线程和光栅化线程。

一个页面一般是非常大的,而需要显示的只是页面的一部分,所以合成线程会先把得到的层分割成块,并把需要渲染的块交给光栅化线程,由光栅化线程完成分块的光栅化并且存储在 GPU 的内存中，如图 12-9 所示。

图 12-8　Bing 首页的分层　　　　　图 12-9　分块渲染

分块完成光栅化后，合成线程会据此创建一个合成帧，直接发送给 GPU 完成屏幕的显示。

当页面滚动和纯合成动画发生时，合成器只需要重新生成一个合成帧，并发送给 GPU 即可。整个过程完全不需要经过主线程，这也是纯合成动画具有更好的性能的原因。另外，纯合成动画仅依靠合成线程就能完整地显示动画，这意味着解析、执行 JavaScript、重新布局等依赖主线程完成的动画都不是纯合成动画，在性能上会更差一些。

至此，浏览器成功地把页面渲染出来。

浏览器从接收到页面到绘制到屏幕上是一个非常复杂的过程。渲染流程如图 12-10 所示。

- [主线程] 解析 HTML 生成对应的 DOM 树，同时下载解析到的资源。
- [主线程] 解析 CSS 生成对应的 CSSOM，并且和 DOM 树合并成渲染树。
- [主线程] 通过布局计算，生成对应的布局树。
- [主线程] 拆分出对应的层，交给合成线程。
- [合成线程] 得到对应的层后进行分割，根据优先级交给光栅化线程池进行光栅化。
- [光栅化线程池] 得到对应的分块进行光栅化，把结果存储在 GPU 中。

- [合成线程] 完成光栅化后生成合成帧，发送给 GPU 完成显示。

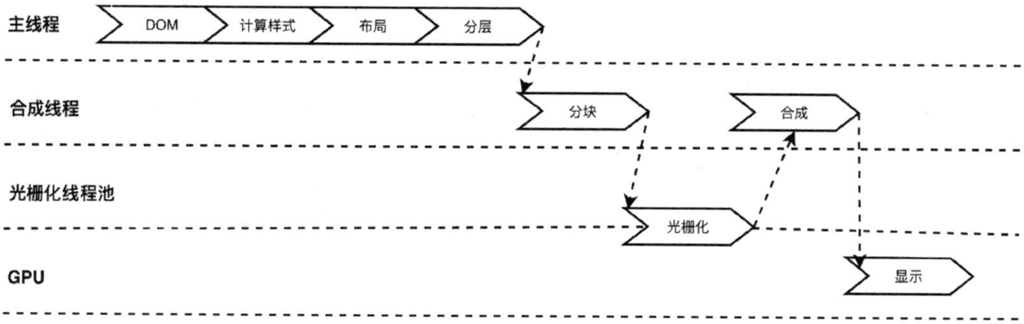

图 12-10　渲染流程

通过对整个流程进行梳理，可以得出一些对页面渲染性能影响比较大的因素。

尽快返回 HTML

由于浏览器对于 HTML 的加载和解析是流式的，而后续的资源加载、解析、执行等逻辑都依赖从 HTML 中解析的信息，因此应该尽早把 HTML 返回给浏览器，如通过流式渲染等方式让浏览器展示首屏及提前加载必要的内容。关于流式渲染的内容请参考 6.2 节，这里不再展开介绍。

减少资源的阻塞

在浏览器的最小渲染路径中，最常见的耗时原因是资源的阻塞，如页面头部的 JavaScript 代码和 CSS 资源会阻塞后续内容的解析与执行。

CSS 会阻塞页面的解析和渲染，但必要的 CSS 对页面来说是必不可少的，所以，应该把必要的 CSS 放在页面头部尽早加载。

JavaScript 代码默认按顺序执行，虽然不阻塞后续资源的加载，但是会阻塞后续的解析、执行和渲染。在可行的情况下，应该尽可能把 JavaScript 代码放在页面内容之后，并且适当使用 defer 和 async 标记不需要阻塞执行的 JavaScript 代码。

本节只介绍了浏览器渲染出页面的整个流程，这只是初次渲染。事实上，在页面的后续操作中，中间的一部分流程会重新被触发。尤其当 DOM 操作发生时，这些操作的频繁触发正是引起性能问题的原因，12.2 节会介绍为什么 DOM 操作是昂贵的。

12.2 为什么 DOM 操作很慢

我们常常说 DOM 操作是昂贵的，要避免或减少 DOM 操作，很多前端技术框架（如 React 或 Vue）在介绍 VirtualDOM 等特性时都会强调这一点。那么，DOM 操作到底慢在哪里？和普通的 JavaScript 操作有什么不同呢？下面主要介绍执行 DOM 操作时发生了什么，以及如何优化 DOM 操作的耗时。

帧

12.1 节介绍了浏览器渲染出一个页面要经过的过程，这只是完成了一帧。而页面在呈现过程中，其实在不断地渲染新的帧。在 DevTools 的 Performance 面板中录制一段性能后，就可以通过 Frames 看到页面渲染的帧（见图 12-11），同时会显示每一帧总体消耗的时间。一般来说，为了达到 60fps（非常流畅），每秒要渲染 60 帧，也就是说，在理想的情况下每一帧需要在 16ms 内完成。

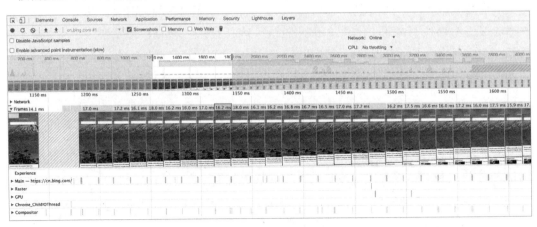

图 12-11　DevTools 中的渲染帧

在这个界面中可以看到光栅化线程和合成线程的工作量，在滚动页面的过程中，主要的工作由合成线程完成，比较靠下的元素出现时光栅化线程才有一些工作量（光栅化新的分块）。

要保持页面流畅，就是要保证这些帧能够在有限的时间内被渲染出来。各种 DOM 操作对于浏览器来说意味着什么呢？上面介绍的渲染过程只是其中的一帧，而每一帧的处理耗时在很大程度上取决于这一帧是否要完全重新执行一遍所有的操作，如图 12-12 所示。

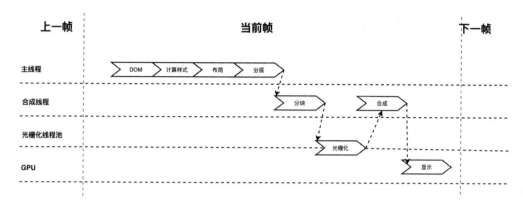

图 12-12　渲染一帧的流程

重排

当 DOM 本身或位置、大小等信息发生变化时，就需要从布局开始重新走完所有的流程，并且同时触发后面的绘制相关的工作，这个过程称为重排（Reflow）。

重排的过程如图 12-13 所示。

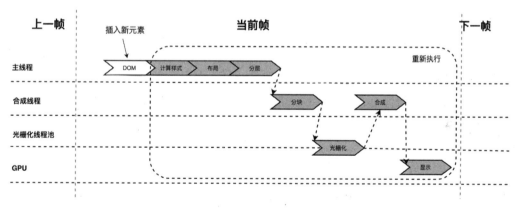

图 12-13　重排的过程

可能导致重排的操作有以下几个。

- 修改 DOM 或样式。
- 移动 DOM 元素。
- 一些需要重排的用户动作，如调整窗口大小、滚动。

而计算样式、布局等信息都必须在主线程中才能进行，必须在主线程中执行的还有 JavaScript，主线程的资源是相当宝贵的。一些不适当的动画就是常见的频繁触发重排的例子。例如，假设通过定时改动一个相对定位对象的位置来实现动画，这意味着在这个对象移动的过程中，浏览器在不停地重新计算受其影响的其他 DOM 对象的布局。

没有设置初始宽和高的图片在加载完成之前是不占空间的，而加载完成后又会把其他元素撑开，这个过程其实就发生了重排。更糟糕的是，重排不仅意味着耗时上的性能损耗，还意味着对用户体验的损伤，CLS 就用于衡量布局抖动对用户体验造成的影响。

重排不一定意味着布局抖动，但一般来说异常的大量重排往往和布局抖动有关。

重绘

重排必然会引起重绘。但在有些情况下，大小、位置信息并未改变，只是改变了一些元素的样式信息，如颜色，这样就仅触发重新绘制的动作。

重排的性能损耗总是高于重绘的，在大部分情况下，避免重排、重绘主要还是指避免大规模重排。

访问 DOM 属性

和我们的直觉可能不同，并不是改变 DOM 或在页面中增加新的元素时才慢，还因为访问 DOM 属性的成本可能会非常高。

跨线程通信

DOM 的英文全称为 Document Object Model，中文全称为文档对象模型。事实上，DOM 并不是 JavaScript 的一部分，而是 JavaScript 中访问 HTML/SVG/XML 等文档对象的接口。DOM 对象和 JavaScript 引擎在两个不同的线程中。

这意味着，当从 JavaScript 中访问和操作 DOM 对象时，都需要通过跨线程通信，导致简单的属性访问也比普通的 JavaScript 对象要慢很多。与我们的直觉不同的是，部分属性的访问可能还会引起重排。

强制重排

由于重排的性能损耗很大，一个元素的变动往往会触发大量相关元素的布局重新计算，因此浏览器一般会等待一段时间再进行批量处理。然而，当从 JavaScript 中获取一些和排版有关的信息时，为了保证信息的正确性，浏览器不得不放弃这项优化，同步计算样式和排版信息并且返回给 JavaScript，这个过程称为强制重排（Force Reflow）。

会导致重排的方法包括以下几种。

- 获取元素、窗口的大小、位置信息的方法或属性，如 offsetLeft。
- 进行滚动，如 scrollTo。
- 获取鼠标指针的位置信息，如 mouseEvent.offsetX。
- 进行样式计算，如 getComputedStyle。

这里并没有列举全部的方法，事实上，哪些方法会触发重排也取决于浏览器的具体实现。总之，我们需要了解 JavaScript 访问大小、位置等和排版相关的信息会触发强制重排，从而让浏览器放弃重排的批处理优化。

如何优化 DOM 操作

了解了 DOM 操作的成本及这些成本的真正来源，就可以从以下几个方面来优化 DOM 操作。

批量操作

浏览器针对 DOM 操作其实也做了大量优化，最典型的优化就是浏览器会把同一帧的 DOM 操作产生的影响聚合在一起。例如，在一帧内执行 10 次导致重排的 DOM 操作，其实浏览器只会进行一次 DOM 操作。

于是对前端来说，可以把批量的 DOM 操作聚合到一次执行，React 中的 batchUpdate 也是类似的技巧。

纯合成动画

重排和重绘是影响性能的，但在使用动画时需要频繁甚至流畅地改变一个物体的位置、大小等。针对这种需求，浏览器其实也做了大量的优化，合成（Compositing）过程对这种场景的性能有很大的帮助。12.1 节提到，在浏览器渲染的过程中，和页面上其他元素不属于同一个坐标空间的元素会被提到其他层（称为合成层），最后由 GPU 合成输出最后的显示内容，并且正确处理元素的透明和层级关系。

这么做除了可以保证多层级渲染的逻辑正确，还有一些性能方面的优势，纯合成动画就是一个典型优化手段。当动画同时满足以下几个条件时，GPU 只经过重新合成的过程，就可以渲染出动画的每一帧。

- 不会造成重排：如用 transform 而不是 position 改变位置。
- 不会造成重绘。

- 动画对象处在合成层。

由于不依赖主线程，因此这个过程非常迅速和流畅，即使 JavaScript 繁忙也不受影响。这就是 CSS 动画中的 GPU 加速，其实 GPU 加速是有限制的，只有纯合成动画能够被 GPU 加速。

告知浏览器把对象放进合成层可以通过 will-change 来实现，需要注意的是，层也并不是越多越好，合成层会带来额外的内存消耗。

12.3 小结

浏览器既可以作为 Web 开发中大部分代码运行的容器，也可以作为用户的客户端，对代码最终的运行性能具有非常大的影响。例如，整个渲染流程对首屏性能的影响，以及渲染链路对 DOM 操作的影响，浏览器的运行机制都在其中起着决定性的作用。

浏览器实现对性能的影响，其实是因为 W3C 标准本身的复杂性等决定了浏览器必须采取某些实现方式。

例如，W3C 定义了开发人员可以在 JavaScript 中同步地获取元素布局后的位置和大小，浏览器不得不阻塞整个流程去做规划（虽然已经尽可能做了很多类似合并任务等优化）。又如，在首屏渲染过程中，浏览器不得不让同步的 JavaScript 阻塞页面的加载，因为现有的大量页面已经依赖这样的特性工作，浏览器没有办法规避这样的复杂度。

总的来说，W3C 的复杂性和历史包袱不可避免地会给浏览器的实现带来大量的限制，开发人员需要了解浏览器的机制对性能的影响，从而规避和解决性能问题。

第 13 章
异步任务和性能

浏览器中 JavaScript 的操作有同步和异步之分，如顺序执行的代码是同步的，而 setTimeout 的回调、Promise.then()和 await 等操作是异步的。下面对同步循环和异步循环进行对比。

```
// 同步循环
while(i < 100) {
    doTask();
    i ++;
}

// 通过 setTimeout 实现的异步循环
const loop = setTimeout(() => {
    if (i < 100) {
        setTimeout(loop);
    }
    i ++;
});
```

异步任务比同步任务消耗的时间更长。

在代码中大量采用 Promise 和 async/await 等是否会使性能更差？在什么情况下应该采

用同步任务？在什么情况下应该采用异步任务？要搞明白这些问题，需要理解浏览器中异步任务的运行机制。

13.1 事件循环机制

要讨论前端的异步任务的性能，需要先了解浏览器的事件循环机制。在浏览器中，JavaScript 代码是运行在单线程上的。

事实上，JavaScript 引擎仅负责解析和执行 JavaScript 代码，并不管理线程和异步任务等。异步任务的运行需要依赖宿主环境（如 Node.js 和 Chrome 浏览器）来创造线程。浏览器就是通过事件循环机制调用 JavaScript 引擎来完成调度的。

为什么要有事件循环

对于 JavaScript 引擎来说，宿主环境（如浏览器）提供一段代码后，它就会一行行地执行，直到执行完毕。由于 JavaScript 可以同步获取 DOM 信息和 DOM 操作，因此 JavaScript 引擎和渲染之间也是相互阻塞的。

对于构建前端页面来说，显然存在问题，如当请求接口时，假设只有一个线程，那么流程如图 13-1 所示。

图 13-1 单线程请求接口

此时，整个 JavaScript 引擎和渲染线程都会被阻塞，无法再响应用户的任何操作。

显然，对于 GUI 的开发来说，不阻塞 UI 线程是一件非常重要的事情，因此需要让这些异步操作能够并行。对于并行的编程模型，有以下几种主流的方案。

多线程阻塞模型

常见的用于实现异步任务的是多线程阻塞模型，就是把异步任务放在另一个线程中执行，对于每个线程来说都是阻塞执行的，而不阻塞主线程。

多线程阻塞如图 13-2 所示。

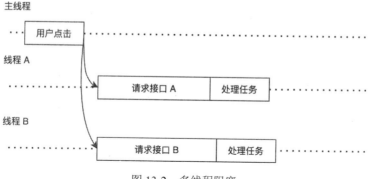

图 13-2　多线程阻塞

在这种情况下，3 个线程都可以对 DOM、BOM 或全局变量进行操作，这时可能会产生冲突。开发人员需要进一步引入锁的概念来解决这些冲突，或者直接在主线程以外的地方限制会产生冲突的操作（Web Worker 就是这么做的）。大量使用这些概念执行最基础的异步任务（如网络请求等），会导致整个编程模型变得复杂。所以，最早的时候前端采取的是另外一种更加简单的异步模型。

事件循环

既然要避免在主线程以外的地方进行全局访问，那么只需要让 JavaScript 永远只在主线程中执行，并由浏览器调用 JavaScript 引擎。

浏览器提供一系列非阻塞的 API 调用用于注册异步任务，当这些异步任务的条件满足（定时器时间到了、请求完成）后，把对应的事件推到事件列表中，主线程先从事件队列中取任务执行，然后进入下一个循环，如图 13-3 所示。

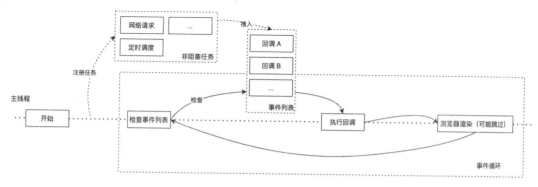

图 13-3　事件循环

正如上面提到的，浏览器的渲染和 JavaScript 引擎也是相互阻塞的，所以浏览器中的事件循环还需要考虑浏览器渲染部分。

注：并非每次事件循环都会触发浏览器渲染。

通过这种方式，JavaScript 代码在单进程下运行，实现了异步任务的非阻塞执行。

对于 setTimeout 构成的循环来说，每次事件循环会消费之前 setTimeout 留下的回调，但是不会重复执行当前回调注册的新回调，而是留到下次事件循环中执行。这也意味着 setTimeout 构成的循环在每次循环时需要消耗的时间不会太短，setTimeout(fn, 0)并非真的是立即执行，而是要等待至少 4ms（事实上可能是 10ms）才会执行。

在现代浏览器中，当由于回调嵌套（其中嵌套级别至少为一定深度）或在一定数量的连续调用后触发连续调用时，setTimeout()/setInterval()调用至少每 4ms 间隔一次。需要注意的是，4ms 由 HTML 5 规范指定，并且在 2010 年及以后发布的浏览器中保持一致。在（Firefox 5.0 / Thunderbird 5.0 / SeaMonkey 2.2）之前，嵌套超时的最小超时值为 10ms。

这意味着用 setTimeout 构成的循环性能会非常糟糕。

13.2 任务和微任务

对于 setTimeout 来说，每个异步任务之间的间隔时间比较长可能不是一个大问题。毕竟一般不会这样构造代码，但对于 Promise 和 async/await 来说，这个问题比较严重。下面的这种 async/await 构成的循环比较常见。

```
for (let i = 0; i < 10; i++) {
  await doTask();
}
```

如果这也和 setTimeout 一样缓慢，Promise 和 async/await 就会严重影响代码逻辑的性能。于是，在 setTimeout 原有的事件队列外，浏览器用一个新的事件队列来维护这些需要尽快执行的事件。和 setTimeout 不同，这些事件在执行过程中，如果在队列中插入了新的事件，则持续消费到队列为空才停下来。

这类任务称为微任务，与 setTimeout 对应的任务[1]不同。浏览器中采用任务的有 setTimeout、setInterval、setImmediate 和网络 I/O 等。

---

[1] 也有一些文章或书籍将任务（Task）称为宏任务（MacroTask），从而与微任务（MicroTask）进行区分，但事实上，在 W3C 标准中只有任务和微任务，并没有宏任务这样的名称。

采用微任务的有 Promise 和 MutationObserver。

对这种差异最直观的理解是,如果执行一个无限循环的微任务,那么它会和同步循环一样阻塞整个页面的主线程。

```
// setTimeout 版本
function test(){
   console.log('test');
   setTimeout(test);
}
test();


// Promise.resolve 版本
// 这会卡住标签页
function test(){
   console.log('test');
   Promise.resolve().then(test);
}
test();


// 同步版本
// 这会卡住标签页
function test(){
   console.log('test');
   test();
}
test();
```

setTimeout 版本的页面仍然能够操作,而控制台上 test 的输出次数会不断增加。而 Promise.resolve 和直接递归的表现是一样的(其实有一些区别,Promise.resolve 仍然是异步执行的),标签页被卡住,DevTools 中的输出次数隔一段时间抖动一下。

Chrome 的 DevTools 优化确实不错,其实这里已经是近乎死循环的状态,JavaScript 线程被完全阻塞。

面试官常常会问很多 Promise 和 setTimeout 执行后的时序问题,这是因为任务和微任务在执行时序上是有差异的。这只是一种现象,而非任务和微任务的设计意图。开发人员完全不应该依赖这个微小的时序差异,正如同在 C++中不应该依赖未定义的行为一样。读者只需要理解这种设计所造成的性能差异。

13.3　Promise 的 polyfill 性能

了解任务和微任务的差异可以帮助读者理解 Promise 的性能。

在实际生产中，某些环境下的 Promise 的性能表现不尽如人意，有些是不同容器的实现，另一些则是不同版本的 polyfill 实现。

polyfill 是一段代码，用于为浏览器提供它没有原生支持的新特性，如让不支持 Promise 的浏览器支持 Promise。

一些开发人员会更倾向于体积更小的 polyfill，如 taylorhakes/promise-polyfill 默认使用 setTimeout 模拟的 Promise.resolve。可以通过 Benchmark 对比已经有了数量级的差距，在这种差距下比较复杂的异步任务会感觉到明显的延迟，如图 13-4 所示。

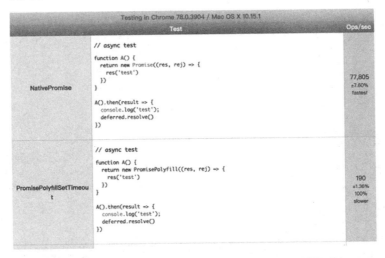

图 13-4　原生 Promise 和 setTimeout polyfill 版本的性能对比

如何正确实现 Promise

除了 Promise 是微任务，还有很多 API 也是通过微任务设定异步任务的。其实，Vue 的 Vue.$nextTick 源码中，在没有 Promise.resolve 时就是用 MutationObserver 模拟的。

下面列举一个简化的 Vue.$nextTick。

```
const timerFunc = (cb) => {
    let counter = 1
    const observer = new MutationObserver(cb);
```

```
  const textNode = document.createTextNode(String(counter))
  observer.observe(textNode, {
    characterData: true
  })
  counter = (counter + 1) % 2
  textNode.data = String(counter)
}
```

原理其实非常简单，先手动构造一个 MutationObserver，然后触发 DOM 元素的改变，从而触发异步任务。使用这种方式明显把耗时数量级拉了回来，如图 13-5 所示。

图 13-5　原生 Promise 和 MutationObserver polyfill 版本的性能对比

实际上，Vue 中 $nextTick 的实现更细致一些，如通过复用 MutationObserver 避免多次创建等。但是，能够让 Promise 实现在性能上拉开百倍差距的就只有任务和微任务之间的差异。除了 MutationObserver，还有很多其他的 API 使用的也是微任务，但从兼容性和性能的角度来看，MutationObserver 的使用仍然是最广泛的。

任务和微任务在机制上的差异会导致不同的 Promise 实现产生巨大的性能差异，大到足以直接影响用户的直接体感。所以，应避免暴力引入 Promise polyfill，在现代浏览器上优先使用原生 Promise，而在需要 polyfill 的地方避免性能出现破坏性下滑。

另外，应聘者能看懂面试题中任务和微任务的哪条 console.log 先执行就可以，这不是问题的关键，因为不能依赖任务和微任务的时序差异来编程。

虽然本节以 Promise polyfill 为例讲解了采取任务和微任务对性能的影响，但并非所有的 Promise polyfill 的性能都存在问题。事实上，只要采取正确的方式实现，如在老版本浏览器中采用 Mutation Observer 模拟，Promise polyfill 的性能并不会和浏览器原生的 Promise 实现存在明显的差异。

13.4　requestAnimationFrame

　　requestAnimationFrame 是一个比较特殊的 API。其实，在浏览器的实现中，并不是只有任务和微任务两个任务队列。requestAnimationFrame 既不属于任务也不属于微任务，它的触发时机总是和浏览器渲染保持一致。

　　上面提到，并非每次事件循环都会触发浏览器渲染，当做一些定时的 DOM 操作时（如动画），会导致很多不必要的调用。下面实现一个简单的计时器。

```
let start = Date.now();
function update() {
  document.body.innerHTML = (Date.now() - start) / 1000;
  setTimeout(update);
}
update();
```

　　这样一个简单的逻辑也会让页面变得非常卡顿，而通过 Performance 录制可以看到主线程几乎被定时任务占满，如图 13-6 所示。

图 13-6　密集的定时任务

　　事实上，根本没有进行这么多次渲染，即使频繁地修改 DOM 也是无意义的，因为并不是每次的修改都被渲染出来。换成 requestAnimationFrame 之后情况好了很多。

```
let start = Date.now();
function update() {
  document.body.innerHTML = (Date.now() - start) / 1000;
  requestAnimationFrame(update);
}
update();
```

　　通过 Performance 录制可以看到主线程明显空闲很多，页面也完全没有卡顿，如图 13-7 所示。

图 13-7　主线程明显空闲很多

由于 DOM 操作非常昂贵，如果更新频率进一步下降到每秒更新一次，那么应该考虑在 requestAnimationFrame 的回调中对比距离上次更新的时间是否超过 1s 再决定是否执行 DOM 操作。

请读者思考：如果这里用微任务的 async/await 循环会发生什么？和 setTimeout 有什么不同？

13.5　小结

本章介绍了浏览器中 JavaScript 异步的实现机制，浏览器通过事件循环机制，让运行在其中的 JavaScript 在单线程的情况下可以非阻塞地调用网络、定时器等异步 API。同时，涉及了任务、微任务、requestAnimationFrame 等不同的使用场景。

虽然本章以 Promise Polyfill 为例讲解了采取任务和微任务对于性能的影响，但并非所有的 Promise Polyfill 的性能都存在问题，事实上只要采取正确的方式实现，例如在老版本浏览器中采用 Mutation Observer 模拟，Promise Polyfill 的性能并不会和浏览器原生的 Promise 实现存在明显差异。

第 14 章
内存为什么会影响性能

随着前端页面的复杂度越来越高，用户可以在页面上完成的事情也越来越多。当用户经过一系列操作或长时间的使用后，页面会变得越来越卡顿，这个时候往往伴随着页面占用的内存显著增加。一个页面占用的内存到底由什么决定呢？又为何会占用这么多的内存呢？

14.1 内存

内存是程序运行必不可少的资源，当程序运行时，按照需要向操作系统申请内存，把需要存取的变量等放在内存中；当不再需要这部分变量时，则将对应的内存释放归还给操作系统。当剩余的内存无论如何也无法满足程序运行的需要时，就只能执行异常逻辑，出现 OOM（Out of Memory）问题。Node.js 应用常见的 OOM 报错如下。

```
<--- Last few GCs --->

11629672 ms: Mark-sweep 1174.6 (1426.5) -> 1172.4 (1418.3) MB, 659.9 / 0 ms [allocation failure] [GC in old space requested].
11630371 ms: Mark-sweep 1172.4 (1418.3) -> 1172.4 (1411.3) MB, 698.9 / 0 ms
```

```
[allocation failure] [GC in old space requested].
11631105 ms: Mark-sweep 1172.4 (1411.3) -> 1172.4 (1389.3) MB, 733.5 / 0 ms
[last resort gc].
11631778 ms: Mark-sweep 1172.4 (1389.3) -> 1172.4 (1368.3) MB, 673.6 / 0 ms
[last resort gc].


<--- JS stacktrace --->

==== JS stack trace =========================================
...
```

这就是 Node.js 应用在出现 OOM 问题时的 Crash 信息。

在一般情况下，Node.js 应用默认的内存限制大约为 1.7GB，可以使用--max-old-space-size=4096 把内存限制为 4GB。

其实上面的解释并没有说明内存占用过多导致页面卡顿的原因。

内存管理

应用程序需要根据自己的需求向操作系统申请和释放内存，这就意味着应用程序需要管理内存的生命周期。在 C 这样的系统编程语言中，往往提供了直接用于操作（申请和释放）内存的函数，如 malloc()和 free()。由于手动操作内存非常容易产生遗漏和错误，在 JavaScript 和 Java 等更高级的语言中，为了减轻程序员管理内存的负担，就提供了自动内存管理机制。

在 JavaScript 中，创建变量时自动分配对应的内存，并且在它们不再被需要时自动释放，这个释放过程称为垃圾回收（Garbage Collection，GC）。

内存的自动管理并没有我们想象中的那么简单，可以把内存的声明周期大概分为以下 3 个阶段。

- 分配内存。
- 使用内存。
- 释放内存。

分配内存和使用内存不是难点，真正的困难是释放内存的过程。我们无法得知一块内存是否仍然有需求，但是可以把问题近似等价为回收不可能再被使用的内存，大部分垃圾回收算法要解决的也是这个问题。

引用记数法

既然要回收的是不可能再被使用的内存，那么从原理上来说只需要标记每个变量被引用的次数，当引用失效时记为-1。

但引用记数法存在一个缺陷，即无法解决对象的循环引用问题。当出现两个对象相互引用（或者更多对象形成更加复杂的循环引用）时，这些的对象的引用记数就永远不会降为 0，即永远不会被垃圾回收算法发现。

标记清除法

标记清除法是一种追踪垃圾回收的算法。内存中的变量之间是有关联的，以根对象（window）为起点，对象之间可能相互引用，最后形成一棵以根对象为起点的树。在堆中但不在这棵树中的对象称为不可达对象。事实上，我们是完全无法访问到或使用不可达对象的，也就是说，清除它们是安全的，如图 14-1 所示。

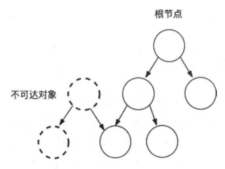

图 14-1 标记清除法

因此，标记清除法需要从根节点开始遍历所有可达对象，并释放堆中的不可达对象。

在浏览器中，根对象其实不仅仅是 window，还包括事件监听、DOM 对象、BOM 等。这也是在浏览器的 Performance 面板的 Memory 视图中能看到这些对象（见图 14-2）的原因，不仅是因为它们本身占用内存，还因为这些内容本身可能会导致更多的对象被引用。

图 14-2 Performance 面板的 Memory 视图

标记清除法的缺点是，回收后堆中会形成大量可用的碎片内存，这会影响后面申请大块连续内存的效率。

如图 14-3 所示，按照这种方法清除后，会产生大量的碎片内存。

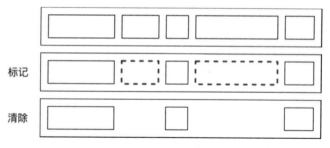

图 14-3　碎片内存

分代回收机制

上面两种相对简单的垃圾回收的思路都存在一定的局限性，对于生产环境的 JavaScript 引擎来说，一般会采用更加灵活的垃圾回收方案。

V8 采用的是一种根据对象不同的生命周期采取不同策略的分代回收机制，这种机制把内存分为新生代和老生代两部分。新生代的对象在内存中的存活时间比较短，老生代的对象在内存中的存活时间比较长。

新生代算法

一个新对象在开始时都会被分配到新生代，V8 对这部分对象使用的是一种基于复制的垃圾回收算法，即 Scavenge。这种算法把新生代内存分为两半，其中用于存放对象的称为 From 空间，处于空闲状态的是 To 空间。

当需要为内存分配空间时，将对象统一存放到 From 空间中。当 From 空间不足时，启动垃圾回收算法，把 From 空间存活的对象复制到 To 空间中，复制完成后，To 空间和 From 空间就可以互换角色，如图 14-4 所示。

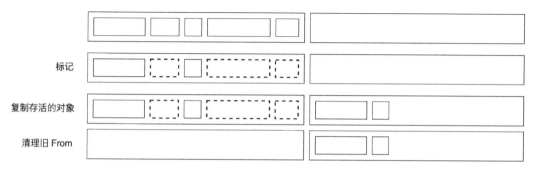

图 14-4　新生代的对象使用基于复制的 Scavenge 算法

由于新生代的对象大部分存活时间比较短，因此这种算法可以以比较好的时间效率完成垃圾回收，并且不会产生碎片内存。这种算法的缺点是对内存的利用率不高，需要两倍的内存，是一种典型的用空间换时间的算法。

新生代算法在只有少部分对象存活到下一个周期时才有比较好的运行效率。对于长期在内存中存在的对象，就需要使用一种机制把它从新生代内存中提出来，放进老生代内存中，这个过程称为晋升。

在 V8 中，对象只要满足以下条件中的任意一个即可晋升。

- 对象已经经历过一次垃圾回收。
- To 空间占用超过 25%。

之所以第二个条件也会触发晋升，是因为如果 To 空间被占用太多，当这个 To 空间在下一周期作为 From 空间使用时，就会影响新对象的内存分配。

老生代算法

老生代对象的存活时间比较长，在进入下一个周期时会有大量的对象继续存活，在这种情况下，如果仍然采用 Scavenge 算法复制，不但复制存活的对象的运行效率低，而且会浪费更多的内存。

所以，对老生代对象采取的垃圾回收策略是标记清除法和标记压缩法。

其中，标记清除法主要的问题在于完成垃圾回收后，内存中会出现不连续的内存碎片。当需要分配一整块连续大内存的时候，就没有任何内存碎片能够满足这个需求。于是，就有了标记压缩法。和标记清除法类似，标记压缩法也先从堆内存中标记出存活的对象，把存活的对象向内存的一端移动，然后清理失效的部分。

如图 14-5 所示，这个过程需要移动大量的对象，所以执行速度比较慢。因此，针对老生代对象，V8 主要使用标记清除，在没有整块空间分配时再进行标记压缩。

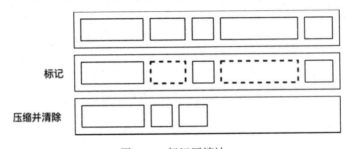

图 14-5 标记压缩法

全停顿

垃圾回收算法在进行垃圾回收的过程中,需要阻塞 JavaScript 本身的执行,等待垃圾回收完成后再继续执行,这个过程称为全停顿。这意味着仅垃圾回收被触发时就需要执行很长的时间,在浏览器中则反映为阻塞主线程从而引起的页面卡顿。

为了减少全停顿带来的用户体验问题,V8 引入了增量标记、延迟清理、增量整理等方式,使垃圾回收过程变成可停顿和可拆分的。这部分原理相对比较复杂,这里不做进一步的介绍,感兴趣的读者可以自行了解。

引用记数法则不存在这个问题。由于引用记数的逻辑其实是分摊到执行过程中的,因此相对来说执行性能较好,逻辑也比较简单。也有将引用记数法作为主要垃圾回收方法的运行时,如 Python 的主要实现。相应地,这类运行时一般不允许使用循环引用,否则会导致内存泄漏提供弱引用给开发人员规避循环引用的问题。

其他引擎

上面用 V8 作为例子介绍了垃圾回收机制,大部分网页和 Node 应用也都在 V8 环境下执行。但也存在使用其他垃圾回收策略的 JavaScript 引擎,如 QuickJS 使用改善过的引用记数法作为垃圾回收方案。

引用记数法用于自动和确定地释放对象。当分配的内存变得太大时,将执行单独的循环删除过程。循环去除算法仅使用引用记数和对象内容,因此无须在 C 语言代码中操作显式垃圾收集。

在常规情况下,QuickJS 使用引用记数法,并在内存超过一定的限额后,用特定的检测算法来移除循环引用。

14.2 内存泄漏

其实,读者只要了解了内存管理,理解内存泄漏就很容易。当应该被回收的内存空间无法被回收时,就会导致内存不断被占用,这种情况称为内存泄漏。例如,在使用引用记数法时,如果使用循环引用对象无法正确地释放内存,就会产生内存泄漏。

内存泄漏和性能

为什么内存泄漏和性能有关呢?当页面有内存泄漏时,常常会导致卡顿,这种卡顿又来自哪里呢？

其实，垃圾回收并不是一个一直运行的机制，而是在达到一定的触发条件后才会启动。以 V8 为例，新生代内存的分配可能会触发新生代内存的回收，而进一步的晋升也可能会触发老生代内存的回收。

当页面中出现了比较严重的内存泄漏时，会产生以下两个结果。

- 内存总是不够，导致垃圾回收频繁被触发。
- 内存中存在大量对象，导致垃圾回收算法本身执行得更加缓慢。

在这种情况下，页面就会出现卡顿。

常见的导致内存泄漏的原因

因为 V8 的垃圾回收主要是基于 Tracing 的，所以循环引用并不会导致内存泄漏。大部分导致内存泄漏的根本原因都可以归结为被根节点误持有。

公共变量、BOM 和 DOM

公共变量、BOM 和 DOM 是最常见的导致内存泄漏的原因之一。例如，在循环中把临时对象不停地挂载到 window 或 window 的子对象上，这会导致临时对象一直无法被回收，从而产生内存泄漏。

```
for (let i = 0; i < 10000; i++) {
  window['hey' + i] = new RegExp(/test/);
}
```

在 JavaScript 中，BOM、DOM 和公共变量并没有太大的区别。例如，不慎把对象挂载到 DOM 上，因为被 DOM 持有，所以这些临时对象也无法被回收。

事件监听

相对来说，事件监听更容易被忽略。例如，在一个循环中，DOM 对象上挂载了大量的事件，这些事件的回调函数就会被持有。

```
for (let i = 0; i < 1000000; i++) {
  window.addEventListener('click', () => {
    xxx.yy = 1;
  });
}
```

这里其实被持有的不仅仅是回调函数本身，还有这个函数引用的闭包。

闭包

面试官经常会问闭包和内存泄漏之间的联系。其实，闭包和内存泄漏之间并不存在必然联系，闭包是一种比较难以察觉到的持有关系，使用不当容易引起内存泄漏。

例如，在上面事件监听的例子中，xxx 的引用对于函数来说就是引用了更上层作用域的闭包对象。这会导致不仅这个函数被持有，函数闭包引用的对象也会被持有。这也是闭包使用不当可能会导致内存泄漏的原因。

内存泄漏问题的诊断工具

内存泄漏问题相对其他问题更难直接被发现，单纯从 Performance 面板或 Network 面板的 Timeline 视图中很难看出性能和内存之间的关系，所以需要使用一些工具来诊断内存泄漏。Chrome 的 DevTools 针对这个问题提供了以下几个工具。

Performance

Performance 面板的 Memory 视图如图 14-6 所示，从中可以看到 DOM、事件监听等的变化趋势，以及这些全局引用有没有明显增加。

图 14-6　Performance 面板的 Memory 视图

Memory 视图呈现的内容包括以下几点。

- JavaScript 堆。
- 文档（Document）。
- 节点（DOM）。
- 事件监听。
- GPU 内存。

可以根据这些对象的变化趋势大概判断是否发生了内存泄漏。例如，JavaScript 堆上涨一般说明有大量的 JavaScript 对象无法被释放，这个时候可以考虑检查是否在 window 或间接持有的对象上持续新增对象；页面中 DOM 的不断增加会导致节点数量不断增加，如果在一个无限滚动的长列表中不停地新增元素，页面中的 DOM 就会越来越多，那么 Memory 视图的变化就是节点数量不断增加；事件监听更加难以察觉，如果多次在 DOM 上通过 addEventListener 等方式添加事件监听而忘记释放，那么事件监听就会不断上升。

总体来说，Memory 视图并不能直接告诉我们是否发生了内存泄漏，但可以根据提供的几种常见的和内存泄漏相关的信息和趋势图做出判断。当某个指标异常上升时，内存泄漏就可能与其有关。

Memory

一般来说，占据内存最大的仍然是 JavaScript 堆中的 JavaScript 对象，DevTools 还提供了专门针对堆内存的堆快照功能。所谓堆快照，就是针对当前的 JavaScript 堆中的内容做一次索引保留下来。这样就能够通过多次对比堆快照的内容差异，找到堆中新增的 JavaScript 对象。

下面用一个简单的例子来演示这个过程。先打开 DevTools 的 Memory Tab，点击 Take snapshot 按钮，这时在 DevTools 中会新增一个对当前堆内容的记录，里面包含大量的内存对象。

然后执行一遍引起内存泄漏的代码。

```
for (let i = 0; i < 10000; i++) {
  window['hey' + i] = new RegExp(/test/);
}
```

再次点击 Take snapshot 按钮，如图 14-7 所示。

图 14-7　Performance 面板的堆快照

前后对比两次堆快照，发现 RegExp 对象明显增多，正是无法释放的/test/正则对象。根据堆快照中大量新增的对象可以大致判断是什么样的对象大量占用了内存空间，从而推断发生内存泄漏的原因。

14.3 小结

本章介绍了关于内存管理及内存泄漏的相关知识。当谈起内存的时候，有人认为内存占用过多就会导致性能变慢。但实际上这两者之间并没有什么直接的关联，因为对于同样的内存来说，它被占用和不被占用对于性能是没有任何影响的，并不是占用的内存多就直接导致卡顿。

之所以会给我们这样的感受，是因为在大多数情况下，一旦内存占用达到临界点，内存的垃圾回收机制就会被迫开始工作，这种情况往往是由内存泄漏引起的。一旦进入内存泄漏状态，即使垃圾收集器开始工作往往也无能为力。最终垃圾回收被触发得越来越频繁，导致性能下降。

所以，当内存的占用影响性能时，在大部分情况下我们都是在讨论内存泄漏对性能的影响。

就网页中的内存泄漏问题而言，大部分的内存泄漏基本上都是由于一些对象、函数等被公共变量、DOM、事件监听等所持有，因此无法被垃圾回收器释放。同时，我们在讨论内存泄漏问题时经常提到的闭包其实也并不是直接导致内存泄漏的"元凶"，而是因为闭包作为一种隐性的持有关系，更容易被忽略。

解决内存泄漏的主要手段就是依据与内存诊断相关的工具。使用这些工具可以推断是否有内存泄漏、泄漏可能发生在哪里，从而进一步锁定和解决内存泄漏带来的性能问题。

第 15 章

使用 ServiceWorker 改善性能

时至今日，所有的主流浏览器都支持 ServiceWorker。诞生之初，ServiceWorker 和 PWA 的关系就非常密切，所以对于大部分没有接触过 PWA 需求的开发人员来说 ServiceWorker 似乎比较陌生。在大部分情况下，我们不需要和这个看起来冷门的浏览器特性打交道，但事实上其提供的能力对于性能具有重要作用。在一些场景下正确使用 ServiceWorker 能够把性能做到出人意料得快。

ServiceWorker 的浏览器支持情况如图 15-1 所示。

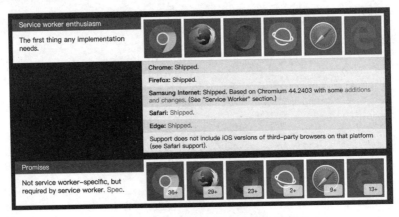

图 15-1　ServiceWorker 的浏览器支持情况

15.1　ServiceWorker 概述

ServiceWorker 是一种允许开发人员对浏览器的"网络请求"部分进行编程的技术，诞生之初是为了让网站可以离线访问，是 PWA 技术的一部分。

AppCache

在介绍 ServiceWorker 之前，下面先介绍这个技术的前身，即 AppCache。从 AppCache 的名字可以看出，其和缓存具有密切的联系。与本地 App 相比，Web App 有一个无法回避的问题，即当用户断网时应该怎么办。移动设备的网络并不像计算机的网络那么稳定，用户随时可能因为进入电梯、地铁等原因导致网速变得很慢甚至直接断开连接，而 Web 页面因为没有本地缓存就完全打不开。AppCache 正是解决这个问题的一个尝试，先通过 manifest 文件来指定需要缓存的资源。

```
assets/xyz/a.js
assets/xyz/b.css
```

然后通过在 HTML 中引用 manifest 文件来告知浏览器通过什么规则缓存，HTML 页面本身不需要在 manifest 文件中声明，但是会自动成为其一部分。

```
<html manifest="manifest">
```

这样，当我们访问过这个页面之后，下次访问即使是离线状态，也可以获取页面中的内容。看起来似乎一切都很美好，使用起来也很方便，但实际上存在很多意料之外的问题。

例如，在用户有网络时，浏览器因为执行 manifest 文件中的声明，仍然走本地的缓存。即使页面更新了，在 manifest 文件更新前浏览器也不会检测页面的更新。更糟糕的是，如果 manifest 文件本身就被不慎设置了一个过长的缓存时间，就意味着浏览器没有任何途径可以获取到新版本的页面（以及 manifest 文件）。

当然，AppCache 技术带来的问题远不止这一个，因为这已经是一个被废弃的标准，所以本节不展开介绍。但本节仍然提到 AppCache 是为了解释为什么需要引入 ServiceWorker 这样一个看似过度灵活的方案。

在现实世界中，Web App 的缓存和更新策略是非常复杂的，以至于 AppCache 这样的方案都很难满足各种场景的需求。于是，ServiceWorker 允许开发人员通过 JavaScript 精细化地控制页面的网络行为，从而灵活地更新缓存。

ServiceWorker

简单来说,就是浏览器允许部署一段额外的 JavaScript 脚本,这部分脚本不直接在页面中运行,而是运行在一个单独的 Worker 中。ServiceWorker 可以通过注册 fetch 事件来响应页面中所有的网络请求,如图 15-2 所示。

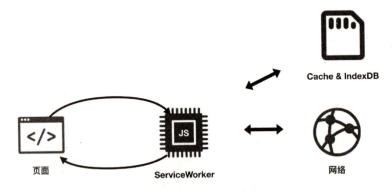

图 15-2　ServiceWorker 允许拦截网络请求

```
this.addEventListener('fetch', function(event) {
  event.respondWith(
    // magic goes here
  );
});
```

使用这种机制可以在上一个页面把需要预加载的页面加载下来,保存到 IndexDB 等存储中,在用户访问下一个页面时通过 ServiceWorker 把缓存的内容取出来。

ServiceWorker 能做什么

那么,ServiceWorker 又能给我们带来哪些功能呢?

离线可用

上面提到,设计 ServiceWorker 主要为了代替 AppCache,让整个 Web App 即使在没有网络的情况下也能够正常使用。通过注册 fetch 的响应事件,ServiceWorker 可以在断网的条件下仍然响应内容给用户。

类 App 特性

ServiceWorker 可以和站点中的所有页面进行通信,它也承担着一些类似于 App 后台进程承担的工作，从而实现一些类 App 特性，如通知或后台推送等。

性能优化

ServiceWorker 提供的灵活强大的网络控制功能，允许开发人员采取更加灵活的缓存和预加载策略，从而提升性能。

15.2 使用 ServiceWorker 进行缓存

浏览器本身就具备协商缓存和强缓存相关的功能，这些其实都是 HTTP 协议中制定的缓存标准。然而随着新的场景形态越来越多，滞后的协议很难满足灵活的缓存需求。

例如，当缓存页面时，HTTP 协议会把页面的 URL（包括 query）作为判断是否是同一份缓存的标准，而这在很多情况下不是我们希望看到的。很多不同的 URL query 其实背后对应的只是一个页面，我们希望它们能消费同一份缓存。

除此之外，还有一些更灵活的缓存失效策略。例如，通过一份配置文件告知所有的浏览器端失效的某一份缓存用于线上故障的快速"止血"；又或者对于一些对性能要求更高但也有一定时效性要求的场景，我们希望总是给用户返回缓存，同时更新当前已有的缓存。其实，HTTP 协议也已经开始支持类似的策略，然而协议的更新迭代是相对缓慢的，并且依赖客户端（即浏览器）的更新和支持，对于不停变化的业务场景来说总是很难满足。

在这种情况下，ServiceWorker 提供的基于 JavaScript 的网络控制功能就非常好地填补了这方面的需求，可以通过 JavaScript 实现自己需要的缓存策略，就像客户端（指 Android、iOS）做的一样。接下来引用几个典型场景展开介绍：利用 ServiceWorker 可以实现哪些业务需要但之前无法实现的缓存机制。

在介绍这几个场景前，读者需要先了解 ServiceWorker 相关的一些能力。

Cache API

由于缓存本身涉及缓存的存取、更新和存储的上限控制等，出于性能方面的考虑，ServiceWorker 不能直接访问 LocalStorage，相比于直接存储在 IndexDB 中（可以理解为浏览器中的 SQLite）做的一样，浏览器标准中有直接提供 Cache API 用于使用 JavaScript 控制缓存相关的逻辑。

创建缓存对象

在操作缓存之前，需要为缓存对象指定一个 ID，以便在同一个域下面区分不同的缓存操作。后续的所有操作（增、删、改、查）都是在这个缓存对象上展开的。我们需要用 cache.open 创建一个缓存对象。

Cache API 通过 window.caches 暴露出来，并且既可以在 ServiceWorker 中使用，也可以在 Worker 和页面中直接使用。所以，只需要简单地判断 window.caches 是否存在，以此判断浏览器是否兼容。

```
// 判断是否支持 Cache API
if ('caches' in window) {
  caches.open('MyPerfDemo').then(cache => {
    // 缓存对象
    console.log(cache);
  })
}
```

缓存的增、删、改、查

有了缓存对象后，就能比较容易地对缓存的内容进行增、删、改、查。一般来说，Cache API 默认缓存的内容是一个 Response 对象。当有些场景要存取的内容可能并非真的是 Response 时，也需要将其包装为一个 Response 对象。Cache API 的大部分操作返回的都是 Promise，为了更简洁，下面直接用 async/await 来列举示例代码。

缓存的新增

首先，可以通过 cache.put 添加缓存，在这里可以指定缓存的 key，而缓存的对象则必须是一个 Response 对象。

```
(async () => {
  const cache = await caches.open('MyPerfDemo');
  // 请求
  const url = 'https://cdn.jsdelivr.net/npm/jquery@3.2.1/dist/jquery.min.js?query=test';
  const customUrl = 'https://cdn.jsdelivr.net/npm/jquery@3.2.1/dist/jquery.min.js';
  const response = await fetch(url);
  if (!response.ok) {
    throw new Error('Bad Response');
```

第 15 章　使用 ServiceWorker 改善性能

```
  }
  // 把 Response 放入缓存中，第一个参数用于指定 customUrl
  await cache.put(customUrl, response);
})()
```

在完成缓存的添加后，可以在打开的 Chrome 的 DevTools 中直接看到刚刚创建的缓存对象和添加的缓存，如图 15-3 所示。

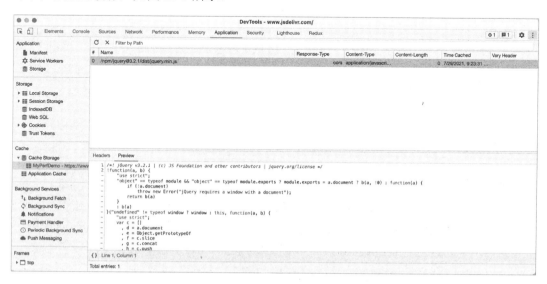

图 15-3　在 DevTools 中创建的缓存对象和添加的缓存

可以看到，这个缓存的 key 并不是真正请求 Response 的 URL，而是指定的 URL。使用 Cache API 缓存一些文本内容也是可行的，只需要手动创建一个 Response 对象即可。

```
(async() => {
  const cache = await caches.open('MyPerfDemo');
  // 手动创建一个 Response 对象
  await cache.put('https://custom-internal/cache-path', new Response('This is string content we want to cache'));
})()
```

这样就能使用 Cache API 缓存任意的文本内容，如图 15-4 所示。

除了 cache.put，Cache API 还提供了诸如 cache.add 和 cache.addAll 这种快捷方法，由于其本质都是调用 cache.put 来实现，因此在此不一一赘述，有需求的读者参考相关的 MDN 文档。

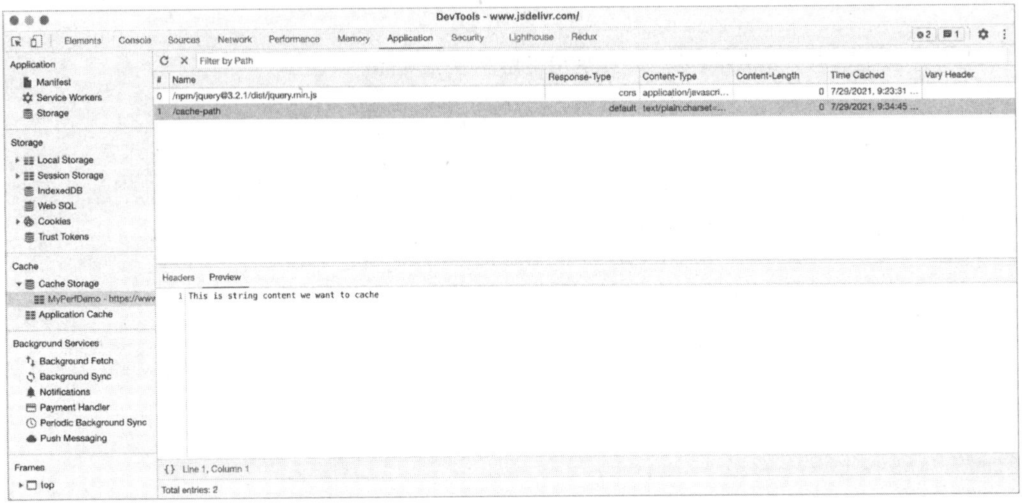

图 15-4　自定义的缓存

缓存的查询

Cache API 缓存并不会干预浏览器默认的行为，因为浏览器不会根据缓存的路径直接匹配网络请求。我们需要自己使用 JavaScript 查询对应的缓存是否存在，以及决定应该以什么行为响应用户，这也是 ServiceWorker 最适合的场景。

可以使用 cache.match 来匹配缓存的内容，和上面存储用的 key 不同，cache.match 并不是用一个字符串 key 查询缓存，而是使用一个 Request 对象。这是因为 Cache API 并不是为键值对存储而设计的，而是针对请求、响应设计的。

```
(async () => {
  const cache = await caches.open('MyPerfDemo');
  // 手动创建一个 Response 对象
  const res = await cache.match(new Request('https://custom-internal/cache-path'));

  // 返回匹配的 Response 数组
  console.log(await res.text());
})()
```

在更多场景下，并不会手动创建 Request 进行查询，一般需要使用的场景是在 ServiceWorker 的 fetch 事件被触发时，此时天然就有一个 Request。这个 Request 除了 URL 还包含更多信息，如请求方法（GET/POST/PUT/DELETE 等），这也会被 match 认为是用于匹配的信息。除此之外，Vary Header（第 20 章会详细介绍 Vary Header，目前读者只需要知道这个 Header 往往会被各个节点的缓存作为 Cache Key 的一部分）也会被 match 作为匹配条件。必要时可以指定参数来忽略这些条件。

以下是一个在 ServiceWorker 中监听到请求时尝试从缓存中匹配的示例，为了更简洁，缺少一些兜底逻辑处理，对于 fetch 事件我们推荐做好错误控制，在出错的情况下使用普通的 fetch 请求。

```
self.addEventListener('fetch', function(event) {
  const responseFn = async () => {
    const cache = await caches.open('MyCache');
    const cacheItem = await cache.match(event.request, {
      // 是否忽略 URL 的 query 部分
      ignoreSearch: false,
      // 是否忽略请求方法
      ignoreMethod: false,
      // 是否忽略 Vary Header
      ignoreVary: false,
    });
    if (cacheItem) {
      return cacheItem;
    } else {
      // 请求逻辑等
    }
  };
  event.respondWith(responseFn());
});
```

这样就可以在 JavaScript 的逻辑中控制缓存的具体逻辑。可以看到，Cache API 本身提供了一些让我们可以控制 search 是否参与匹配的功能，但是在很多情况下可能无法完全满足我们的需求，这时就需要通过 JavaScript 实现。本节会用具体的场景作为例子进行介绍。

同样，Cache API 也提供了一些辅助函数，如使用 cache.matchAll 可以一次性匹配多份缓存。

缓存的删除

缓存的删除的逻辑非常简单，使用 cache.delete 就可以删除对应的缓存，而匹配逻辑和参数与 cache.match 是相同的。

在当下的标准中，Cache API 基本没有存储上限的规定，空间的上限取决于浏览器的实现。可以通过 navigator.storage.estimate 得到当前的存储的使用情况。如果想有类似 LRU 的缓存淘汰策略，就需要自己通过 JavaScript 实现。

```
console.log(await navigator.storage.estimate());

{
    "quota": 596797550592,
    "usage": 88320,
    "usageDetails": {
        "caches": 88320
    }
}
```

IndexDB

除了 Cache API，在 ServiceWorker 中还可以使用的存储方案有 IndexDB。相比于 Cache API 被设计用来存储 Response 对象，IndexDB 可以理解为浏览器侧的数据库，用于存储和查询更加复杂、灵活的数据。

但 IndexDB 的使用方式比较复杂，并且和性能的直接联系并不紧密，这里也不介绍 IndexDB 的使用。可以借助 idb-keyval 这样的 npm 包把 IndexDB 当作一个键值对存储对象即可。

控制缓存的 Cache Key

使用过 Nginx 的读者肯定对 Cache Key 并不陌生，在判断一个请求是否已经存在于缓存中时，通常不会把一个请求的所有信息事无巨细地作为判断依据，因为两个请求不可能是完全相同的（至少它们的请求时间就不同）。这个时候需要提取出一些关键信息，只要这些关键信息没有发生变化，就认为两个请求从本质上来说是相同的。例如，如果把请求的 URL 作为判断缓存是否一致的关键信息，那么 URL 就是 Cache Key。

对于 HTTP 缓存来说，可以认为 Cache Key 就是请求的 URL。对于静态资源来说，可以轻松地实现所有用户访问的 URL 都是一致的。但对于 HTML 页面来说，很难做到这一点。在很多情况下，需要在页面的 URL query 中增加一些 tracelog 用于路径追踪，对于同一个页面来说，https://xxxxx.com/?tracelog=from-desktop 和 https://xxxxx.com/?tracelog=

webpage 在缓存上往往并没有区别。

即使没有这样的需求，也确实存在一些页面本身是同一个页面但参数不同的情况。例如，成千上万的商品页面，从开发人员的视角来看其实就是一个页面，但它们的 URL 可能会体现为 http://xxxxx.com/detail/1 和 http://xxxxx.com/detail/233。

所以，在页面缓存这种典型场景下，常见的需求就是自定义缓存的 Cache Key。例如，可能需要 Cache Key 中只包含 path 而不包含 query 的内容，甚至 Cache Key 在匹配到 /detail/xxx 这样的路由后，就忽略后面的内容。

搞清楚这些逻辑，同时有了上面介绍的 Cache API，就很容易实现这样的匹配逻辑。

```
self.addEventListener('fetch', function(event) {
  const responseFn = async () => {
    // 如果 URL 是一个 detail 页面
    if (/\/detail\/\d+/.test(event.request.url)) {
      const cache = await caches.open('MyCache');

      // 直接匹配一个固定缓存
      const cacheItem = await cache.match(new Request('//internal-cache/detail'));

      if (cacheItem) {
        return cacheItem;
      } else {
        // 请求逻辑等
        return fetch(event.request);
      }
    } else {
      return fetch(event.request);
    }

  };
  event.respondWith(responseFn());
});
```

这样就能针对某种固定类型的页面消费同一份缓存，由于获取缓存的逻辑完全由我们自己控制，因此 Cache Key 的生成逻辑也是完全可控的。

更加灵活的缓存更新策略

除了对 Cache Key 的定制，可能还需要一些更加灵活的缓存更新策略。假设有一个场景需要满足以下几个需求。

- 出于性能方面的考虑，在有缓存的情况下优先给用户返回缓存。
- 每次用户访问都会更新缓存的内容。
- 通过一个线上接口 /api/stable_time 获取一个时间戳，让这个时间戳以前的缓存全部失效。

如果没有 ServiceWorker 的功能，那么在浏览器的 HTTP 缓存中完全无法实现类似的灵活逻辑。但是现在可以通过 JavaScript 控制缓存的流程。

```
self.addEventListener('fetch', function(event) {
  const responseFn = async () => {
    const cache = await caches.open('MyCache');

    // 同时请求网络和缓存

    const cachePromise = cache.match(new Request('//internal-cache/detail'));
    const responsePromise = fetch(event.request);

    const updateCache = () => {
      responsePromise.then(res => {
        const response = res.clone();
        // 缓存前在 Headers 中记录时间
        const newHeaders = new Headers(response.headers);
        newHeaders.set('x-customcache-time', Date.now());
        cache.put(event.request, new Response(response.body, {
          headers: newHeaders,
        }));
      });
    }

    // 无论如何都更新缓存
    updateCache();

    // 一般这里的配置不可能这样阻塞式地去获取，在这里简化了
    const stableTime = (await fetch('/api/stable_time')).json().time;
```

```
    if (cacheItem && cacheItem.headers.get('x-customcache-time') > stableTime)
{
        // 匹配到缓存就总是返回缓存,并且检查缓存的时间是否在配置之后
        return cachePromise;
    } else {
        return response;
    }
}

    event.respondWith(responseFn());
});
```

这里的很多逻辑都做了简化,实际实现起来会更复杂一些。但是可以看到,借助 ServiceWorker 的能力,可以在浏览器中实现一些类似 Native 端的缓存控制策略,包括先给用户返回缓存在后台的更新,以及通过一份额外的配置对比缓存时间来决定缓存是否生效。

15.3 API 提前加载

上面介绍的都是一些磁盘级别的缓存,有时还需要一些预缓存的功能。例如,对于一个页面来说,它的 API 请求是已知的,然而用户总是要加载完 HTML 和 JavaScript 之后,才能执行其中的 API 请求逻辑。因此,API 请求发起的时间总是很晚,整个页面的内容渲染都在等待 API 内容的返回。

当然,可以通过在 HTML 头部用一个<script>标签提前 API 请求,然而这仍然需要一定的时间加载 HTML。在这种场景下,可以利用 ServiceWorker 在用户开始访问页面时发起 API 请求,把请求的内容预缓存在内存中,当触发真正的 API 请求时返回对应的内容,从而做到提前加载。

API 的时效性使其不能多次消费,但是可以直接把缓存放在内存中。当用户触发页面请求时,就直接在 ServiceWorker 中提前开始加载 API 的内容,并且在真正发起 API 请求时直接响应之前加载的内容。

```
addEventListener('fetch', fetchEvent => {
    const request = fetchEvent.request;
```

```
const responseFn = async () => {
    if (request.mode === 'navigate') {
        inMemoryCache = fetch('/api.json');
    }
    if (request.url === '/api.json') {
        return inMemoryCache;
    }
    return fetch(request);
};
fetchEvent.respondWith(responseFn());
});
```

一般在生产环境下做这种事情会复杂得多，如需要根据不同的页面请求不同的 API，API 的参数可能也是根据请求的不同而发生变化的。为了保证这种预加载是可靠的，往往还需要在最后消费预加载内容时针对提前请求和真正的页面请求进行校验，确定没有什么出入。

这也是使用 ServiceWorker 时需要遵守的一个约定，即 ServiceWorker 应该是在原有页面的基础上做一些体验升级和增强，而不应该耦合业务逻辑。由于这两者的维护往往是分离的，并且 ServiceWorker 并不是总在运行（考虑第一次加载，或者浏览器不支持的情况），因此应该尽可能保证 ServiceWorker 中的能力都是可插拔的，去掉它不应该对业务逻辑造成功能性的影响。

15.4 ServiceWorker 冷启动

一旦注册 ServiceWorker，访问对应域名的请求就会通过 fetch 事件被 ServiceWorker 拦截。当试图访问页面 A 时，浏览器会把页面 A 的请求发送给 ServiceWorker 并等待响应。然而这个时候 ServiceWorker 可能还没有开始执行，这就需要等待 ServiceWorker 启动完成并响应请求。启动的时间在一些移动设备上可能会长达几百毫秒。在启动过程中，页面完全只能等待，如图 15-5 所示。

ServiceWorker 初始化	发起请求

图 15-5　ServiceWorker 冷启动

在大部分情况下，如果只是使用 ServiceWorker 进行缓存，那么不等待 ServiceWorker

的执行直接发起页面请求在逻辑上是完全没有问题的。于是浏览器提供了一个叫作 Navigation Preload 的特性，允许用户在访问页面时浏览器不等待 ServiceWorker 直接发起页面请求，如图 15-6 所示。

图 15-6　Navigation Preload

开启 Navigation Preload

只需要使用 navigationPreload.enable() 就能开启 Navigation Preload，如果需要关闭 Navigation Preload 则使用 navigationPreload.disable()，一般来说，在触发 activate 事件时执行相关的操作。

```
self.addEventListener('activate', event => {
  event.waitUntil(async () => {
    if (self.registration.navigationPreload) {
      await self.registration.navigationPreload.enable();
    }
  }());
});
```

需要注意的是，一旦开启 Navigation Preload，其状态会一直在机器上保留。除非下次执行 disable() 声明关闭 Navigation Preload，否则用户下次打开页面会自动按照此规则发起请求。

消费 Navigation Preload

单纯发起请求并不能解决问题，最后仍然需要在 ServiceWorker 的响应逻辑中能够消费它。使用 Navigation Preload 发起的请求会在 event.preloadResponse 中作为一个 Promise 被消费。例如，如果希望写一个从缓存中获取页面的逻辑，就需要优先匹配缓存，然后尝试从 preloadResponse 中得到，最后如果都没有，则直接发起请求去获取。

```
self.addEventListener('fetch', event => {
  event.respondWith(async () => {
    // 如果有缓存，则返回缓存
    // 如果没有，则尝试取 preloadResponse
```

205

```
  const response = await event.preloadResponse;
  if (response) return response;
  // 如果还没有，则尝试发起请求
  return fetch(event.request);
}());
});
```

Navigation Preload，顾名思义，只对 Navigation 带来的请求是有效的（如用户打开页面后页面本身的请求，或者 iframe 的请求）。对于其他请求，event.preloadResponse 的值是 undefined。

使用 ServiceWorker 并不代表性能提升

需要注意的是，使用 ServiceWorker 并不代表能直接提升性能。事实上，ServiceWorker 之所以可以用于改善性能，是因为 ServiceWorker 提供了更加灵活的缓存和预缓存策略，使我们可以在一些 HTTP 缓存无法满足使用条件的场景下使用缓存和预缓存的能力，从而带来性能的提升，而并非因为 ServiceWorker 本身。

事实上，单纯地引入 ServiceWorker 因为增加本身的网络请求、增加冷启动和使用逻辑反而会带来一些性能上的负担。所以，在 HTTP 缓存能够满足需求的场景下，引入 ServiceWorker 代替原有的 HTTP 缓存是没有必要的。

15.5 小结

ServiceWorker 作为 Web 开发中很少使用的一个 Web 特性，其实为开发人员提供了非常大的想象力。借助 ServiceWorker，可以把浏览器想象成一个 App 端，在现代浏览器中借助 ServiceWorker 能够实现一些原来浏览器并不提供的优化功能。

与 resource hint 等特性不同，ServiceWorker 并不是直接面向性能设计的方案，而是通过对网络高优先级、高灵活度的控制，实现各种各样适合不同场景的优化策略。现实中能够实现的优化策略远不止本章介绍的这几项。

例如，还可以实现差量更新，让不同资源版本的更新只通过网络加载发生变化的部分，当 ServiceWorker 收到静态资源的网络请求时优先查本地缓存。

示例如下。

https://cdn.jsdelivr.net/npm/jquery@3.2.1/dist/jquery.min.js

如果在缓存中找不到对应版本但存在老版本 https://cdn.jsdelivr.net/npm/jquery@3.2.0/dist/jquery.min.js，则可以把老版本的版本号带上去请求。

```
https://cdn.jsdelivr.net/npm/jquery@3.2.1/dist/jquery.min.js?diff=https://cdn.jsdelivr.net/npm/jquery@3.2.0/dist/jquery.min.js
```

在服务器端生成一份 diff 文件下载到本地 patch 并返回给用户，从而实现差量更新。

通过这样的方式，就能实现在 App 端使用其实已经比较广泛的差量更新技术，从而节约用户在版本更新时需要消耗的网络流量，以及减少版本更新给用户带来的耗时。

除此之外，还能实现在弱网环境下自动降级为质量更差的图片等。在这种灵活性的支持下，我们在浏览器中的优化更像是优化 App 的跨端容器。ServiceWorker 并不是时时刻刻都在运行，需要保证在没有它的情况下，页面的功能本身不能受到影响。

第 16 章
字体对性能的影响

与 JavaScript、CSS 和图片等资源相比，字体最容易被开发人员忽略。字体的加载方式和渲染方式很多，会给 Web 性能带来不同的影响。

16.1　字体导致的布局偏移

第 2 章介绍了 Web Core Vaills 中的 CLS 指标，该指标主要用于度量页面的布局偏移。字体加载正是导致布局偏移的一大原因，因为浏览器在加载字体时，默认先用 fallback 的字体渲染，当字体加载完成后，用指定的字体重新渲染往往会导致对应的元素大小改变，从而影响其他元素的位置，进而导致布局偏移。

如何定位布局偏移

字体引起的布局偏移问题在开发阶段并不容易直接看出来，所以需要使用一些工具和方法帮助我们定位。

DevTools

在 DevTools 的 Performance 面板中可以看到布局偏移的发生时机，以 Fox News 的新闻页面为例,在录制一次页面加载后,可以在 Performance 面板中看到产生布局偏移的时间段,选中它会显示具体发生偏移的元素,如图 16-1 所示。

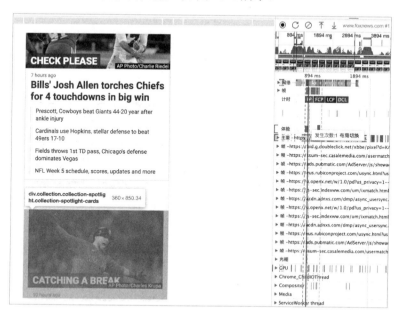

图 16-1　在 Performance 面板中调试布局偏移

可以看到,发生偏移的元素是页面下方的一张图,但是要了解这张图为什么会偏移就需要把前面的图片连起来看,可以顺着垂直的时间线找到显示内容的变化,如图 16-2 所示。

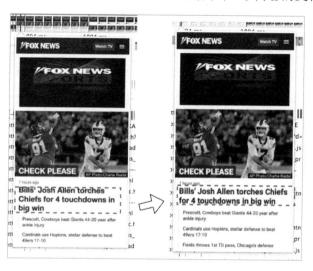

图 16-2　从时间线上对比变化

从图 16-2 中可以看到，由于字体加载完成后新的文字大小并不完全一致，因此标题的高度发生了变化，从而影响了标题下方其他元素的位置，最终发生布局偏移。

WebPageTest

WebPageTest 同样提供了诊断布局偏移的工具，可以提供布局偏移的元素在偏移前后的差异，如图 16-3 所示，插入记分板导致新闻内容整体下移。

图 16-3　偏移前后的差异

16.2　如何避免字体带来的布局偏移

加载字体之所以会导致布局偏移，就是因为字体的加载需要时间，而在加载完成前浏览器使用的字体和加载完成的字体在渲染时宽与高不完全一致。浏览器也并不是没有考虑这种情况，为了应对这种情况，浏览器为开发人员提供了一个 CSS 属性，用来自行决定字体的渲染方式，即 font-display。font-display 属性主要包括以下几个值。

- auto：由浏览器决定。
- swap：尽快用 fallback 字体显示内容，并在字体加载完成后进行替换。
- block：完成加载前显示空白，自己加载完成后再显示。需要注意的是，block 其实也有等待超时时间，这个值一般是 3s。超过 3s 后行为就和 swap 一致，先用 fallback 字体显示，等待加载完成后进行替换。
- fallback：等待一小段时间（一般是 100ms），其行为和 swap 一致。
- optional：等待一小段时间（一般是 100ms），如果字体加载完成则使用该字体，否则使用 fallback 字体，并且不再替换。

如果想尽可能避免字体渲染带来的布局偏移，则使用 font-display: optional。使用 fallback 字体未必能够满足一些网站对设计的需求，在这种情况下只能尽量加快字体的加载，或者使用系统字体等，如知乎采用的就是系统字体。

```
font-family: -apple-system,BlinkMacSystemFont,Helvetica Neue,PingFang SC,Microsoft
YaHei,Source Han Sans SC,Noto Sans CJK SC,WenQuanYi Micro Hei,sans-serif
```

如何尽快加载字体

font-display 属性决定了如何展示字体，但是无论采取哪种方式展示，都应该尽快加载完字体才能保障最优的体验。

字体文件的格式

在下载一个字体后，就会发现有多种不同的格式，主要包括 TTF/OTF、SVG、EOT、WOFF/WOFF2。例如，icofont 的字体包中默认包含几种不同的字体格式，如图 16-4 所示。

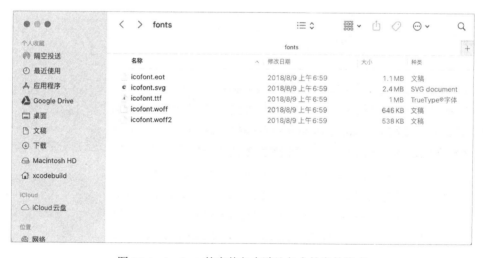

图 16-4　icofont 的字体包中默认包含的字体格式

TTF/OTF

TTF（TrueType Font）和 OTF（OpenType Font）是本地最常用的两种字体格式，是没有压缩的，由于体积相对较大，因此在 Web 场景中应该尽量避免使用。

SVG

SVG 字体和 SVG 图片不太相同,目前基本上只有 Safari 和 Android 浏览器支持,Chrome 中已经移除了该功能,Firefox 则暂时不考虑实现。所以,基本可以忽略 SVG 字体格式。

EOT

EOT 是 Microsoft 设计用来在 Web 上使用的字体,因为可以压缩和裁剪所以体积更小,但只有 IE 浏览器支持。

WOFF/WOFF2

WOFF/WOFF2 是为 Web 设计的字体格式,WOFF 内置了字体的压缩,会有比 TTF/OTF 更小的文件体积,而 WOFF2 的压缩比比 WOFF 的压缩比更高。

例如,上面下载的 icofont 字体的 TTF、WOFF 和 WOFF2 格式的体积分别为 1MB、646KB 和 538KB,目前 WOFF 和 WOFF2 其实都已经有了足够好的浏览器兼容性(当然 WOFF 相对更好一些),98%的用户的浏览器支持 WOFF,96%的用户的浏览器支持 WOFF2(见图 16-5),如果可能应该尽可能采用 WOFF2。

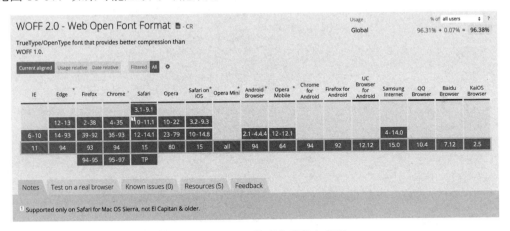

图 16-5　WOFF2 的浏览器兼容状况

字体的加载

加载外部字体是在 CSS 中实现的。

```
@font-face {
```

```
font-family: "Open Sans";
src: url("/fonts/OpenSans-Regular-webfont.woff2") format("woff2"),
     url("/fonts/OpenSans-Regular-webfont.woff") format("woff");
}
```

那么，字体是什么时候加载的呢？和我们想象的不同，浏览器并不会自动加载所有引用的字体，同样以前面的 Fox News 的页面为例，通过 WebPageTest 可以看到，字体的加载时间非常晚，如图 16-6 所示。

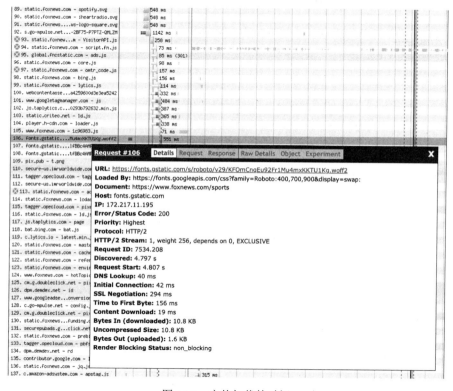

图 16-6　字体加载的时间

事实上，浏览器并不是发现 @font-face 定义后就马上开始下载字体，而是在构建渲染树时发现有非空节点在使用该字体时才会触发字体的下载。

预加载字体

所以明确自己要使用外部字体的场景，推荐使用 preload 告知浏览器提前加载指定的字体。

```
<link rel="preload" href="/fonts/OpenSans-Regular-webfont.woff2" as="font"
type="font/woff2" crossorigin="anonymous">
```

这里需要注意以下两点。

（1）crossorigin 需要小心对待，否则可能会导致连接不能复用。

（2）preload 的字体要和 @font-face 的列表顺序一致，如果 @font-face 中把 WOFF 放在前面，而 preload 中把 WOFF2 放在前面，则可能会导致浏览器加载两个不同版本的字体文件。

裁剪字体的大小

与英文字体相比，中文字体的体积往往过于庞大，如思源黑体的 TTF 达到了 8.5MB，即使采用 WOFF2 格式体积也在 1MB 以上。如果仍然需要使用这些字体，则可以考虑用类似 font-spider 的方案裁剪没有用到的字体内容。

font-spider 是一个针对字体文件的裁剪工具，通过指定一组 HTML 文件或线上链接，自动分析需要用到的文字，并裁剪字体文件中其他没有用到的文字，最终减小字体文件的体积。

由此，读者可以大致了解字体文件的渲染、加载，以及对性能产生的具体影响。根据不同的需求可以从以下几个方面改善字体加载和渲染的性能。

- 尽量使用系统字体，这是大多数网站的最佳选择。
- 对于仅使用部分内容的大字体文件，可以按需进行裁剪。
- 尽可能使用 WOFF2 和 WOFF 作为首选的字体格式。
- 预加载需要用到的字体。
- 使用 font-display: optional 避免布局偏移。

当然，这些优化手段并不是按部就班地使用就能取得效果，读者需要在理解其原理的前提下检查最终的行为是否符合预期，如预加载是否正确被消费等。

16.3 小结

浏览器作为大多数前端代码运行的容器和运行环境，了解其运行原理可以帮助读者真正理解代码在执行时发生了什么，从而进一步找出性能优化的空间。

同时，保持对浏览器新特性的关注，也可以为提高 Web 应用或网站的性能体验提供有力的工具。

V8 作为一个独立的 JavaScript 引擎而非只有浏览器才能使用的功能，催生了另外一个对 Web 影响深远的产物，即 Node.js。

Node.js 是采用 V8 作为语言引擎实现的独立的 JavaScript 运行时，这意味着 JavaScript 可以用于编写浏览器以外的程序，这让 Web 开发的工具链迎来了井喷式的发展。

工具链的广泛应用也加速了 Web 技术栈的整体演进，目前的前端框架也会更多地考虑性能，以及如何和工具链的其他部分共同工作，如通过 React.lazy 机制帮助开发人员实现组件的异步加载。

前端的工具链和技术框架虽然没有像 V8 那样直接改变 Web 运行的环境，但是会影响大量 Web 代码是如何交付、加载和运行的，对性能具有深远的影响。

第 5 篇　前端工程与性能

↘ 第 17 章　构建工具和性能
↘ 第 18 章　服务器端渲染和性能

第 17 章
构建工具和性能

前端技术的发展日新月异，如今的 Web 页面也变得日益复杂，前端技术栈的工具链、技术框架等也随着 Node.js 的应用取得了长足的发展。

由图 17-1 可以看出，npm 社区的包数量级远超其他语言的社区。

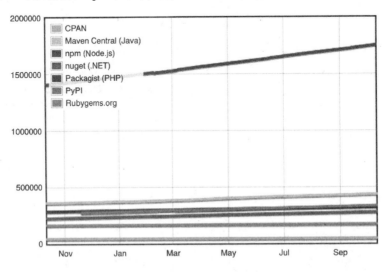

图 17-1　npm 相对于其他包管理的社区包数量增长

在日常开发中，我们可能不需要理解一堆 JavaScript 文件和 npm 包是如何变成 JavaScript 文件的，照葫芦画瓢，进行配置就能让打包工具工作。但是如果关注页面的性能，我们写的代码如何通过工具链构建、交付，以及在浏览器中又如何依靠框架渲染和运行就显得尤为重要。

本章从前端工具链、框架等和前端性能密切相关的技术原理出发，介绍它们是为了解决什么问题而诞生的，以及在解决这些问题的过程中存在哪些性能方面的考量，对性能产生了什么样的影响。

17.1 为什么需要打包

在如今的 Web 应用开发中，类似 webpack、Rollup、Parcel 等打包器（Bundle）几乎是绕不过去的一环，打包器基础的能力是用于支持 JavaScript 的模块化，但除了打包器，RequireJS、SystemJS，以及浏览器原生支持的 ES Module 同样能够实现模块化，为什么目前我们如此依赖打包器呢？

JavaScript 在设计之初只是能在浏览器中执行的一种脚本语言，并不具备模块化的功能。随着页面的复杂度越来越高，JavaScript 代码的规模也逐渐增加到需要拆分模块的地步。在此过程中，演变出了几种模块化的标准及对应的实现方案。在模块化方案演进的过程中，性能一直是一个非常重要的考量因素。

本章会介绍 CommonJS/AMD/CMD/ES Module 的模块化，相应的加载器、优化器、打包器的工作原理，以及它们为什么会如此设计。有的读者觉得这些都已经是历史（虽然其实也只过去了几年），但笔者认为这些仍然有重要的参考价值，这些方案在对应的背景下都针对各种问题，尤其是针对性能问题给出了自己的答案，这些答案在不同的场景下都会反复出现。以性能为切面观察这些设计及其演变非常有趣。

以一个比较老的页面为例，这个页面采用类似于 require.js 的 AMD 加载器从线上加载 JavaScript 代码。对于这种页面而言，JavaScript 模块的加载过程往往非常漫长，从 WebPageTest 的 Waterfall 视图来看，JavaScript 文件的加载是串行进行而非并行进行的，如图 17-2 所示。

想要搞清楚通过前端 Loader 实现的模块加载为什么这么慢，需要先了解 JavaScript 模块化本身的设计和实现机制。

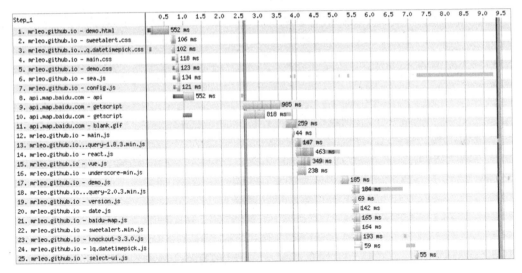

图 17-2　AMD Loader 串行加载 JavaScript 代码

CommonJS

早期浏览器中运行的 JavaScript 没有模块的概念，当 Node.js 作为面向服务器端的 JavaScript 运行时，引入 CommonJS 作为自己的模块规范。

```
// module-a.js
exports.name = 'I am a';

// module-b.js
const mod = require('./module-a');
console.log(mod.name); // I am a
```

CommonJS 通过 require() 来导入一个模块，通过 exports 和 module.exports 导出模块。

可以看到，CommonJS 使用同步方式导入模块，在服务器端，从磁盘加载非常迅速，这样做并没有问题。在浏览器端加载新的模块意味着需要等待网络传输，不能让 JavaScript 阻塞在网络上，所以就产生了异步加载方案。

AMD

AMD（Asynchronous Module Definition）就是一种异步加载的模块化规范，在浏览器端典型的实现有 Require.js。和 CommonJS 不同，AMD 通过 define 来定义一个模块，而 require

加载模块后通过异步回调返回加载的内容。

```
// module-a.js
define('module-a', function() {
    return {
    name: 'I am a',
    };
});

// module-b.js
require(['module-a'], (moda) => {
    console.log(mod.name); // I am a
});
```

当执行 require 时，如果已经定义了对应的模块（如上面的 module-a），则直接加载里面的内容。如果不存在，则通过请求动态加载 module-a 的内容。

AMD 提倡提前声明和执行依赖，这就意味着无论现在是否用到了这个模块的逻辑，其代码在 require 调用后都会被提前执行。

CMD

CMD（Common Module Definition）是 Sea.js 提出的面向浏览器的模块化方案，相比于 AMD 的依赖声明和提前执行依赖的内容，CMD 则主张在使用时执行依赖（这点与 CommonJS 类似），同时，CMD 的模块导出方法也更加接近 CommonJS，使用 module.exports 来导出模块。这样 CMD 可以做到懒执行，即在还未使用到（require）对应模块时不需要执行其内容。

```
// module-a.js
define('module-a', function(module, exports) {
    exports.name = 'I am a';
});

// module-b.js
require((moda) => {
    const mod = require('./module-a');
    console.log(mod.name); // I am a
});
```

可以发现，CMD 的声明代码中的一部分几乎和 CommonJS 中是一致的，和 CommonJS 规范保持了很大的兼容性。

异步模块加载器

大致的原理其实不难想象，可以使用 define 注册对应的模块。当执行 require 时，把执行结果放到缓存中。

当缺少模块时，就从线上对应的地址加载 JavaScript 并且执行。

```
const modules = {};

// 用法与 define('a', (module, exports) => { exports.xx = 'a' });类似

function define(id, factory) {
    modules[id] = {
        module: {
            exports: {},
        },
        factory,
        executed: false,
    };
}

function require(id) {
    const mod = modules[id];
    // 没有执行过，第一次就执行一次
    if (!mod.executed) {
        mod.factory(module, module.exports);
        mod.executed = true;
    }
    return mod.module;
}
```

当执行 factory 时用一层 (module, exports) => {} 的包装，就能在函数执行完后得到导出的内容，这种兼容 CommonJS 的方式其实在打包器中也有广泛应用。

依赖加载优化

按照上述思路，无论在前端如何实现，都不可避免地会遇到深层次依赖的加载问题。无论是 AMD 还是 CMD，都需要加载对应模块后才能知道这个模块对应的依赖。在这种情况下，如果出现深层的依赖，就需要串行地加载模块，严重影响性能。串行加载模块的流程如图 17-3 所示。

| 加载模块 A | 模块 A 加载模块 B | 模块 B 加载模块 C | 模块 C 加载模块 D |

图 17-3　串行加载模块的流程

这就是前端模块加载器面临的性能问题，从页面 Waterfall 上就反映为一开始在图 17-2 中看到的，JavaScript 模块的加载明显串行形成了多个阶段。

单纯地以优化加载器的方式，无法针对这个性能做出有效的优化行为。因为不加载对应的模块文件，就无法知道实际的依赖，最后仍然会形成串行的模块加载。

但是，可以从构建工具的优化出发，通过静态分析把代码的依赖关系前置到同一个文件中，这样加载器只需要获取这个描述文件就可以知道全部的依赖关系，以及自己需要加载的所有模块。

对于 Sea.js 来说，可以通过静态分析方法分析所有需要加载的模块，以及递归地分析被依赖的模块依赖的模块。最后把 A 依赖 B，B 依赖 C，C 依赖 D 的信息直接写到模块 A 中，告知加载器模块 A 依赖 [B, C, D]，如图 17-4 所示。

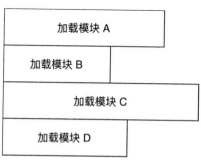

图 17-4　并行加载模块的流程

在 Sea.js 这个优化器上叫作 spm，对应的在 Require.js 中则是 r.js。

由于对于大部分前端页面的性能来说，如何尽早把需要的资源投放到用户端是至关重要的问题,这种依赖信息提前,用并行加载取代串行加载的优化思路在前端进行性能优化的应用场景比比皆是。

模块打包器

上面介绍了 AMD/CMD,以及对应的加载器、优化器的实现,但其实目前的前端开发已经很少使用 AMD/CMD。我们平时写的和使用的依赖基本都是 CommonJS 或 ES Module(下面会介绍),这和 webpack 的流行分不开。

webpack 最核心的功能就是模块打包。所谓模块打包,就是把一堆分散的模块文件打包成一个可以独立执行的 JavaScript 文件(一般称为 bundle js)。其实,从上面的 CMD 规范已经可以看到一些端倪,如果把所有用到的模块按照前后顺序用 CMD 的定义块包裹起来,最后执行入口模块,就能做到把不同文件的模块合并到一个文件中。

打包出来的文件类似于如下形式。

```js
define('node_modules/a/a.js', (module, exports) => {
    // a.js 的 CommonJS 模块内容
    exports.name = 'test';
});
define('node_modules/a/index.js', (module, exports) => {
// index.js 的 CommonJS 模块内容 // 先后顺序不影响,因为等到真正执行的时候已经定义了
    const mod = require('node_modules/a/a.js');
    console.log(mod.name);
});
// 执行入口文件
require('node_modules/a/index.js');
```

当然,这是直接从 CMD 的思路出发的,事实上,打包好的 Bundle 并不需要再遵循某种模块规范,而是追求更小的体积,并且不需要一个完整的 AMD/CMD 加载器。所以,webpack 其实采用一种类似的方式进行打包,Bundle 文件中也不需要保留模块的名字,而是用数字作为 id。

这种打包方式相对于 AMD/CMD 加载器来说,除了和 node/npm 生态保持兼容,在性能方面也有明显的优势。除了上面介绍的不需要额外带加载器、代码组织方式更紧凑,还可以在此基础上实现更多的优化手段,17.2 节会详细介绍。

模块加载器和模块打包器的对比如图 17-5 所示。

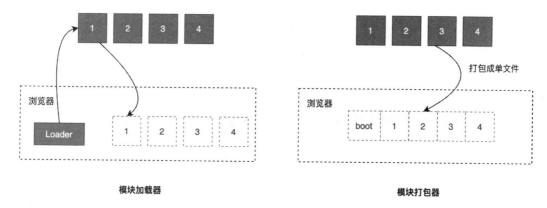

图 17-5　模块加载器和模块打包器的对比

ES Module

无论是 AMD 还是 CMD，都只是约定俗成的规范，而非 JavaScript 规范的一部分。随着各种模块化手段的出现，滞后的标准也出现了新的规范，即 ES Module。

```
// module-a.js
export const name = 'test';

// module-b.js
import { name } from './module-a';
console.log(name);
```

乍一看 ES Module 和 CommonJS 最大的差异似乎就是用 import/export 取代了 require 和 module.exports，其实两者最大的差异在于前者充分考虑了静态分析的需求，可以在不执行代码的情况下分析导入、导出的内容。

例如，在 CommonJS 下，这样的内容无法使用静态分析方法得出模块到底导出了什么。

```
const mod = {};
['test', 'sdsd', 'xdsd'].forEach(item => mod['hello' + item] = 1);
module.exports = mod;
```

相比之下，ES Module 不允许动态添加导出的内容，只能具名导出 export const name = 'name'。

这样的静态分析方法的优势对性能同样有非常大的帮助，17.2 节介绍构建工具如何借助静态分析方法来实现性能优化。

上面介绍了 JavaScript 模块化的发展历程，可以看到，前端和其他技术栈有一个显著差异,就是相关的设计必须兼顾如何将资源加载到端的问题。同时,介绍了在这个过程中加载器、优化器、打包器等是如何在做到模块化的同时尽可能减少加载和执行事件。

对 JavaScript 模块化方面的优化,有以下几个可行的思路。

- 尽可能迁移到以 webpack 为主的打包器方案上,需要加载的代码更紧凑。
- 对于需要用类 AMD/CMD 加载器的场景,通过静态分析等手段提前下发模块依赖信息,从而并行加载模块。

总体来说,除了搭建等动态场景,大部分场景在最终部署代码时都应该优先采用模块打包器而不是模块加载器。截至 2021 年,已经有一些开发工具(如 Vite、Snowpack)在尝试借助 ES Module 实现 Bundle-less 开发。但在上面介绍的这些模块加载器的性能问题无法得到解决之前,最终部署到线上的代码出于性能方面的考虑仍然需要通过打包器最终打包(Vite 正是这么做的)。

除了支持基础的模块化,打包器还掌握了项目完整的依赖信息,这意味着在构建时可以针对打包生成的代码做更多有针对性的优化来提高性能,17.2 节重点介绍如何借助模块打包器等工具在构建时进行优化。

17.2 构建工具可以做什么

随着模块化、打包器成了前端开发的标配,在项目中引入的三方依赖也越来越复杂。很多中后台面临的一大难题就是打包生成的 Bundle 体积太大,导致加载和执行无论如何都非常耗时。

下面介绍一个简单的中后台场景。当引入 antd 和 Lodash 之后,打包生成的 Bundle 的体积增加到 4.54MB,即使在压缩后也大于 800KB。使用 WebPageTest 对性能进行测试得到的结果如图 17-6 所示。

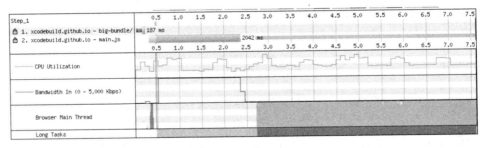

图 17-6　使用 WebPageTest 对性能进行测试得到的结果

可以看到，不仅下载这个 Bundle 很慢，页面在执行 JavaScript 文件上花费了很长的时间，浏览器的主线程几乎一直被占据。

在这种情况下，想要优化页面的性能，势必要想办法减少页面 Bundle 的体积。本节会介绍静态构建优化的多种工具和思路。

构建工具和构建优化

使用工具链在构建或编译时改善构建产物的性能称为编译时优化（Compile-time Optimization）或静态优化（Static Optimization）。这并不是很新奇的方式，大部分 C 语言的编译器都会提供不同的优化参数，允许在编译时指定不同的优化等级，从而输出执行效率更高或体积更小的产物。

JavaScript 作为一种必须通过网络交付给用户端才能执行的语言，优化体积的效果远比其他编译时优化的效果要显著，所以同样是编译时优化也会有所侧重点，针对 JavaScript 的编译时优化更关注如何减小产物的体积。

为什么要优化打包体积

JavaScript 的打包体积对页面整体的性能来说举足轻重，减小打包体积不仅仅像减小其他资源的体积一样只是减少网络传输。事实上，JavaScript 的体积的背后有很多比体积本身更加难以度量的性能影响。

CPU 消耗

- 解析（Parse）。
- 编译（Compile）。
- 运行。

运行我们都能理解，执行大量的代码本身需要时间，而解析时间和编译时间相对来说更容易被忽略。

JavaScript 是解释执行的语言，这意味着源码到达浏览器后浏览器才能开始解析和编译代码的内容，而此时代码的体积越大，需要在这两个阶段消耗的时间就越长，在 Performance 面板的火焰图中也能看到编译 JavaScript 的耗时，如图 17-7 所示。由于浏览器的 Code Caching 优化，解析和编译的耗时其实都难以度量，大多数情况下在浏览器中看到的都是已经缓存过的字节码的编译耗时。

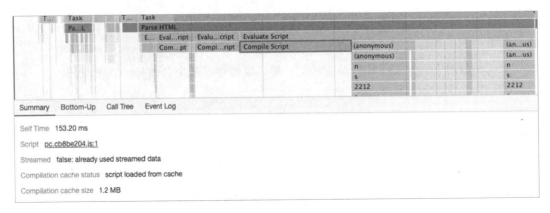

图 17-7　编译 JavaScript 的耗时

内存占用

执行多余的 JavaScript 代码也会消耗内存。例如，当引入整个 antd 但其实只使用了其中的某个组件时，完整的组件库带来的内存增量的确是存在的。如图 17-8 所示，在一个页面上直接引入 antd 会带来内存增量。

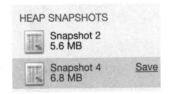

图 17-8　直接引入 antd 带来的内存增量

Bundle 分析

在对 Bundle 进行优化前，可以先采用对应的分析工具协助分析这些体积的具体构成，一般来说，打包器会有对应的 Bundle 分析插件。图 17-9 所示为 Bundle Analyzer 的 treemap 视图。

在 treemap 视图中，方块的体积表示在 Bundle 中占据的体积，而方块的包含关系正好是模块的依赖包含关系。

插件的使用也非常简单，在 webpack 配置中打开对应的插件即可。

```
const BundleAnalyzerPlugin = require('webpack-bundle-analyzer').BundleAnalyzer
Plugin;
```

```
module.exports = {
  plugins: [
    new BundleAnalyzerPlugin()
  ]
}
```

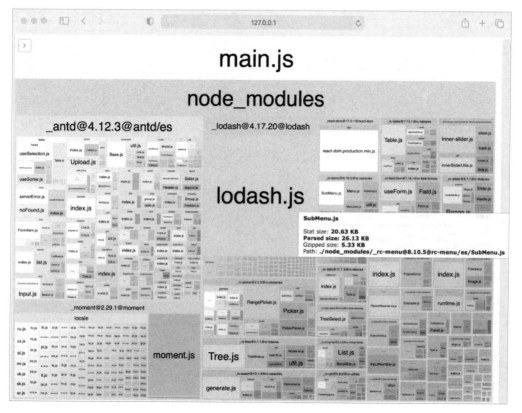

图 17-9　Bundle Analyzer 的 treemap 视图

Tree Shaking

当引入一个 npm 包后整体的打包体积立即显著增加。甚至有专门用于计算 npm 包的体积的网站和插件等。可以直接用 bundlephobia.com 确定一个 npm 包带来的体积增量，如 Lodash 带来的体积增量如图 17-10 所示，即使仅引入一个_.isArray，打包体积也会增加 69.9KB。

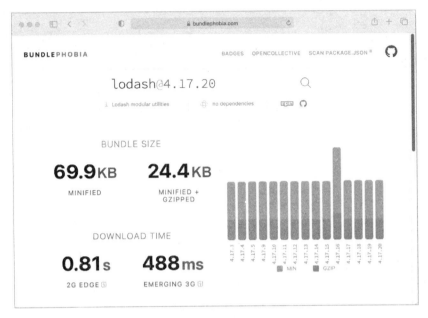

图 17-10　Lodash 带来的体积增量

静态分析

能否只加载 isArray 及相关的代码,采用静态分析方法把无关代码都去掉呢?下面的代码导出了两个函数。

```
// 导出
const isArray = require('./isArray');
const forEach = require('./forEach');
module.exports.isArray = isArray;
module.exports.forEach = forEach;

// 引用
const isArray = require('lodash').isArray;
```

只需要通过静态分析找到实际上只使用了 isArray 方法,所以可以去除没有用到的 forEach 方法相关的代码。但这样做马上就会出现一个问题,如何导出一个包和如何引用一个包仅通过静态分析是无法判断的。例如,导出包可能通过一个循环动态地在 exports 中加属性,而引用的地方也可能会整个引入 Lodash,并采用其他动态的方式调用其中的方法。

这样,ES Module 的静态分析友好性就体现出来了,由于 ES Module 仅允许静态导出具名项,引用时也允许通过如下方式仅导入 isArray 方法,因此可以保证不会动态使用其他部分。
```
import {
    isArray,
} from 'lodash';
```

到目前为止，Lodash 还没有直接支持 ES Module，想要启用 Tree Shaking 还需要引入 lodash-es。

这种通过静态分析方法找出没有真正引入的模块代码并移除的能力称为 Tree Shaking。webpack 和 Rollup 等构建器基本都默认提供 Tree Shaking 的能力。

CommonJS 的代码能够使用吗

由上面的介绍可知，Tree Shaking 的正确运行依赖于有效的静态分析。

事实上，CommonJS 并非完全无法静态分析，有一些构建插件可以针对 CommonJS 也开启 Tree Shaking，只是这种分析是不太安全（可靠）的。如果用户用一些分析器预期之外的方式动态导出或引入内容，那么可能会移除不该被移除的代码。

Scope Hoisting

随着 JavaScript 项目越来越复杂，引入了越来越多的模块，由此面临的一个问题是模块化本身是有成本的。17.1 节介绍了如何在浏览器端兼容 CommonJS，其本质是在每个模块外面包裹一层函数作用域。

```
function (module, exports) {
    const xxx = 1;
    module.exports = xxx;
}
```

随着模块的数量越来越多，这种包裹的重复就越来越多，尤其是很多模块本身并没有被多个其他模块复用，只不过是方便代码拆分到单个作用域中。这种包裹增加了包裹的体积和运行时成本。

其实，在这里传统的 Compiler 有一个思路可以借鉴，如在 C++ Compiler 中，有一种编译时优化方法叫作内联函数。把内联函数的代码在调用的地方直接展开，以此来减少运行时的成本。在前端构建时也可以采用这种思路，这不仅是为了优化运行时，还可以减小体积。

可以把只被一个模块使用的模块直接展开到对应模块的 function 包裹中，这样这个模块自身就不需要额外的包裹和 module.exports=。当然，这么做的挑战是，如果直接展开代码，很可能会存在作用域方面的冲突，如图 17-11 所示。

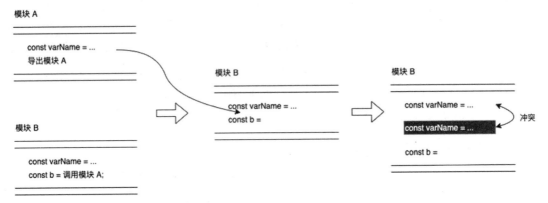

图 17-11　直接展开的作用域的冲突问题

所以，当试图把模块 A 的内容在模块 B 中展开时，需要针对模块 B 在顶级作用域的命名统一做一轮修改，防止和模块 A 中的更高级作用域冲突。这也是 webpack 把合并模块的功能称为 Scope Hoisting（作用域提升）的原因，实际上指的就是这个过程，如图 17-12 所示。

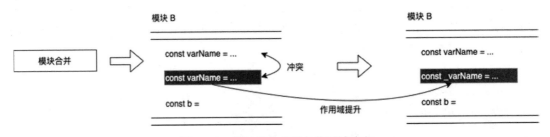

图 17-12　通过重命名避免作用域冲突

Scope Hoisting 在 webpack 4 以上的版本已经是默认启用的功能，同样，出于对静态分析的安全性考虑，仅启用 ES Module，如果完全未生效则可以在配置中确定 concatenateModules 为开启状态。

```
module.exports = {
    optimization: {
        concatenateModules: true,
    },
};
```

开启 Scope Hoisting 之后，从 Bundle Analyzer 中可以看到 91 modules(concatenated)，如图 17-13 所示。

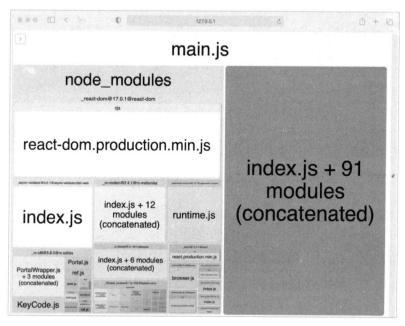

图 17-13　从 Bundle Analyzer 中可以看到模块合并

Code Splitting

进一步来看 Bundle 体积中可以优化的部分，会发现大量的代码并不需要执行。例如，在用户经过一定的操作后才会调用弹窗（Modal），但是 Modal 组件及对应的依赖仍然被打到 Bundle 中。

所以，有没有方法把这部分代码在执行特定逻辑后才动态加载，而不是全量打到 Bundle 中呢？其实回顾 17.1 节可知，AMD 和 CMD 等标准的加载器本身就具备动态加载执行代码的功能，而在打包器打包出来的代码中也可以用类似的方式来实现。

在 webpack 中就是通过静态分析方法把不同的模块打到不同的文件中的，将一开始不需要使用的模块放在动态加载的 JavaScript 文件中，在加载时通过 JSONP 方式把模块加载到内存的模块列表中，流程如图 17-14 所示。

在 webpack 中，webpackJsonp 就是为这种场景准备的，这也是当页面上存在多个单独打包的 JavaScript 文件时产生一些模块冲突的原因，因为不同的 webpack Bundle 对相互之间需要动态加载的模块顺序和 id 等一无所知，而它们在动态加载时默认采用的是全局方法 webpackJsonp。

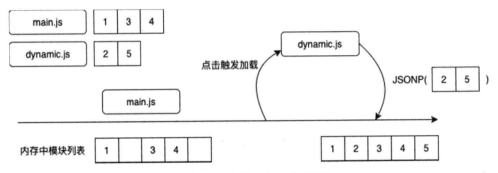

图 17-14　加载分割出去的模块

在 webpack 中，这种动态加载模块和分割打包的技术称为 Code Spliting（代码分割）。采用这种技术可以通过代码中的分离点自然地切割和打包代码。在页面的入口中可以只保留核心功能，允许以更细粒度动态地引入其他内容。

在 webpack 中，经常采用 import() 来指定分离点。

```
if (isNewUser) {
   import('./a.js').then(function(A) {
      // do something with A
   });
}
```

webpack 通过静态分析方法找出需要打包的文件，除了 Bundle，还会把动态加载的部分打包成一个额外的 JavaScript 文件，可以按照上面介绍的方式进行动态加载。

代码压缩

对于 JavaScript 来说，更短小的代码意味着更好的传输和执行性能（因为 JavaScript 的解析也是需要花费时间的）。典型的代码压缩工具有 Uglify、Terser 等。

精简表达

同样的目的其实可以通过不同的写法实现。

示例如下。

```
var nameA = 'a';
var nameB = 'b';
```

```
fn(nameA, nameB);

var a = 'a',
b = 'b';
fn(a, b);
```

上述两段代码在运行上是完全等义的,可以缩短并没有实际含义的变量名,以及合并像 var 这样的语句。从本质上来说,就是把代码解析为 AST,AST 变换为产出代码更小的 AST,最后输出最终代码。

这种方式最大的挑战在于必须保证转换过程的安全性,如局部作用域变量命名的压缩是安全的,然而对于部分有可能暴露到外部的字段名是不安全的,如 class 的属性名。

不安全的压缩项

示例代码如下。

```
class PublicInterface {
    run() {}
}
```

这里的 run() 可能会被页面中的其他 JavaScript 调用,而它们无从得知 run() 会被压缩成什么。在这样的情况下,为了保证转换的安全性,Uglify 等工具在默认情况下放弃了这部分的优化。

这也是 React Hooks 编写的代码最后的构建体积比 Class API 的更小的原因。

但实际上,如果能确保所有相关的 JavaScript 代码都被压缩程序处理,其实可以让它们遵循同一套压缩方式进行压缩,在足够小心地处理后,也能针对 class 的属性进行压缩。

移除死代码

除了改变代码的形式可以让体积更小,还可以使用静态分析方法移除死代码。

```
// process.env.NODE_ENV 往往会被 webpack 在这里替换为对应的字面量,如 production
if (process.env.NODE_ENV === 'development') {
    // 这里的代码会在生产环境下被完全移除
}
// 没有引用的变量会被移除
const unuseName = 'Hello';
function generateList() {
    // 大量代码
    return list;
```

```
}
// 用 /*#__PURE__*/ 标注这次是纯函数调用
// 在这样的情况下变量如果被移除，函数声明也会被移除
const unuesItemByPureFn = /*#__PURE__*/generateList();
```

使用静态分析方法判断出永远不会执行的代码，并移除与之相关的代码，这个过程称为移除死代码，如图 17-15 所示。

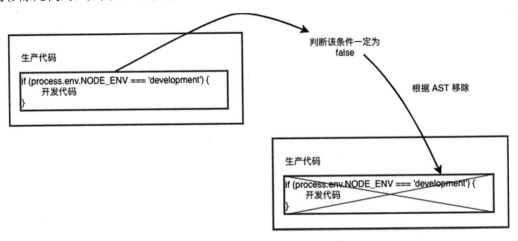

图 17-15　移除死代码

压缩 CSS 文件和 HTML 文件

事实上，除了 JavaScript 文件可以压缩外，CSS 文件和 HTML 文件也同样可以压缩。对于 HTML 文件来说，主要手段有删除与合并不必要的空格和制表符，以及删除注释等。而对于 CSS 文件来说，能做的工作更多一些，如把相同的样式合并到同一个选择器下。

```
div {
   color: "red";
}

span {
  color: "red";
  font-size: 12px;
}
```

可以合并为如下形式。

```
div,span{color:"red"}span{font-size:12px}
```

Vite 和 Bundleless

各种构建工具带来的优化和工程化功能使 Web 开发人员可以构建出更复杂的应用，然而随之而来的是构建性能越来越差，开发人员修改一行代码就可以直接刷新浏览器看到效果的时代已经一去不返。

随着浏览器和 npm 社区对 ES Module 的支持度逐步提高，使用 ES Module 加载模块而不是全部打包到一个 Bundle 成为可能，这种摆脱 Bundle 的思路称为 Bundleless，而 Vite 正是 Bundleless 开发工具的代表之一。

Vite 提供了一个开发服务器，当代码中出现 import 时，将请求发送到开发服务器，开发服务器做一些处理（如编译）后返回给浏览器，实现真正的按需编译，这样做有以下几个优点。

- 开发服务器几乎是立即启动的。
- 没有真正用到的模块不需要编译。
- 当有模块修改时只需要重新加载对应模块，而不用重新打包。

采用这样的思路，Vite 等 Bundleless 开发工具能够实现急速冷启动和热更新。

由于模块加载仍然存在 17.1 节中提到的性能委托，以及构建工具还能做很多额外的优化工作（如本节介绍的 Scope Hoisting、Tree Shaking 等），只依靠浏览器的 ES Module 加载解决不了这些问题，因此在生产环境中仍然需要依赖基于 Bundle 的构建工具。

Vite 采取的做法是类似的，在开发阶段 Vite 使用 Bundleless 的方式加载模块，而在构建交付到生产环境时，vite build 就会采取 Bundle 构建工具（借助 Rollup 的能力）来完成构建。

17.3 小结

本章主要介绍了针对静态构建时优化的几种技术及相关原理，虽然对于很多开发人员来说，这些技术似乎只是一些构建工具的配置项，但了解其背后的工作机制对优化同样有帮助。在有些场景下，社区的工具链未必直接发挥预期的效果，由于 React Native 的构建工具 Metro 不同于社区主流的 webpack，也没有实现 Tree Shaking 等特性，因此需要读者自行理解 Tree Shaking 的原理，有针对性地做一些手动裁剪工作，从而实现类似的优化效果。同样，在某些特定的业务场景（如搭建场景）中，出于业务需求可能采用 CMD、AMD +拼包的构建方案，这时落地构建优化就需要能够理解主流构建工具的优化原理，再因地制宜地设计相适应的方案。

针对较大的 JavaScript Bundle，在构建时可以从以下几个角度出发。

- 使用分析器分析打包文件的构成。
- 尽可能使用 ES Module，这样可以用 Tree Shaking 移除不需要的依赖，以及借助 Scope Hoisting 来减小模块打包的体积。
- 拆分非首屏的逻辑，在需要时再加载。
- 使用 Uglify 等工具压缩 JavaScript 文件和 CSS 文件的体积。
- 压缩文件，通过压缩移除开发阶段的代码。

第 18 章

服务器端渲染和性能

服务器端渲染（Server Side Rendering，SSR）曾经是一个新潮的词，但其实这并不是一件新潮的事情。所谓的服务器端渲染，顾名思义，就是在服务器端完成网页内容（HTML）的渲染并直接返回给客户端。和服务器端渲染相对的一般是客户端渲染（Client Side Rendering，CSR）。

从 WWW 诞生之初，网页本就是由服务器端进行渲染的，JavaScript 在早期并没有那么强大，大部分的 Web 技术（如 PHP、ASP 等）都在后端提供了管理 HTML 片段、模板及渲染的功能，大部分网页也都是由这些服务器端技术直接渲染出 HTML，再由 JavaScript 在前端做一些动态内容的处理和实现。

之后，以 Angular、React、Vue 等为代表的前端框架逐渐开始活跃，并且 Node.js 和前端工程化的浪潮也开始席卷业界。由于现代的前端框架在组件化、数据管理和代码抽象等方面都做得非常出色，因此前端工程师更倾向于用前端框架来开发和维护代码，而不是在后端维护 HTML 的渲染模板，在这个阶段，客户端渲染的页面越来越多。

在一些场景下，客户端渲染比较难以满足我们的需求。一个场景是 SEO，虽然目前主流的搜索引擎 Google、百度等都声称自己支持使用 JavaScript 来爬取客户端渲染的页面，但是对于搜索引擎爬虫（搜索引擎抓取内容的程序）来说，客户端渲染需要下载 JavaScript

等资源,这决定了必然比只从服务器端获取 HTML 的效率要低很多。因此,对于有大量页面和内容需要优化的网站,服务器端渲染在很多情况下仍然是必要需求。

这对于不同场景是否适用可能有待商榷,如果想要检验把服务器端渲染换成客户端渲染是否会对 SEO 的流量产生影响,那么可能需要在对应的场景做严谨的测试。

另一个场景对首屏性能有较高的要求,客户端渲染依赖客户终端(浏览器)下载完整的 JavaScript 代码执行并且渲染内容,相比于在服务器端渲染时客户端只需要直接渲染 HTML,首屏渲染性能上往往是占劣势的,所以对于非常依赖首屏渲染性能的场景来说,服务器端渲染仍然是一项必要技术。

近几年,SSR 作为一个专门的概念被提起,但这并不是一个新概念,之所以出现一个新词是因为可以用这个概念与 CSR 的页面进行区分。

然而回归到直接用后端模板来渲染 HTML,前端框架再渲染一遍并不能彻底解决问题。这意味着需要在前后端手动维护相同的两份代码,它们之前的业务逻辑还是在迭代中随时保持一致,在大多数情况下这不仅意味着更高的开发成本,还意味着随着可维护性越来越差可能出现 Bug 和体验上的抖动。

此时 Node.js 在 Web 后端最合适的场景之一也就出现了,即用 Node.js 来执行 CSR 的逻辑,在服务器端执行前端的业务代码输出 HTML,这也是大部分情况下的 SSR 所代指的方案。这种把一套 JavaScript 代码同时运行在服务器端和浏览器端的方式更加精准的叫法是同构(Isomorphic)。

显然,相比在两端分别维护两套同样逻辑的代码,使用同构可以大幅度提高代码的复用率和可维护性。要实现这种能力,并不是只是把 JavaScript 放在 Node.js 端执行那么简单。Node.js 作为 JavaScript 的一个运行时,其运行环境和浏览器并不是完全一致的,如浏览器的 BOM、DOM 在 Node.js 中都是不存在的,如果只是把一段前端渲染的代码放到 Node.js 中执行,那么可能会因为这种环境差异而失败。

最简单的例子就是直接用原生 JavaScript 在#root 节点中渲染一小段内容。

```
document.getElementById('root').innerHTML = `<div>test</div>`;
```

在 Node.js 中,会因为没有 document 更没有 getElementById、innerHTML 等导致 DOM 操作失败。

在当下大多数语境中,SSR 基本上指的就是同构 SSR,所以后面就不再做特殊的解释说明。

18.1 SSR 和同构

现代前端框架的抽象，尤其是 Virtual DOM 很好地解决了前端和后端需要维护两套代码的问题。Virtual DOM 隔离了 UI 的描述和 DOM 操作，开发人员编写的业务代码在大多数情况下是不需要直接对 DOM 进行操作的，这就为同构提供了可能性。

前端框架（如 React）通过在服务器端重新实现 Virtual DOM 的渲染逻辑（在 React 中就是 react-dom-server），来实现在 Node.js 中执行 React 的渲染逻辑，开发人员编写的 UI 不再像浏览器一样通过 DOM 操作最后呈现在页面上，而是直接输出为 HTML 字符串由服务器端返回。

Virtual DOM 也并不是解决该问题的唯一思路，有一些前端框架选择使用其他方式来实现 SSR。例如，eBay 的 Marko 通过让开发人员编写 DSL，并把 DSL 编译成服务器端可渲染的模板来实现高性能的 SSR。在 Marko 官方提供的 Benchmark 中（见图 18-1），服务器端渲染的性能远远超过其他使用 Virtual DOM 做 SSR 的方案（包括 Inferno、React、Vue 等）。

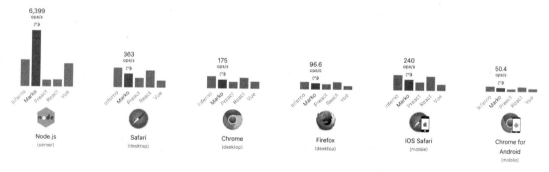

图 18-1　Marko 官方提供的 Benchmark

但不管采用什么方式实现，大部分现代前端框架（包括但不限于 React、Vue、Angular 及新兴的 Svelte 等）都提供了同构 SSR 的方案，它们在实践中遇到的问题大多是相似的。

18.2 SSR 的性能优化

SSR 并不是性能问题的银弹[①]，事实上，即使在服务器端渲染页面，仍然会面临渲染的

---

① 银弹也称为银质子弹，是指纯银质或镀银的子弹。欧洲民间传说，自 19 世纪以来，在哥特小说风潮的影响下，银质子弹往往被描绘成具有驱魔功效的武器，是针对狼人、吸血鬼等超自然怪物的特效武器。后来银质子弹也被喻为极端有效的解决方法，作为杀手锏、最强杀招、王牌等的代称。

性能问题。因为服务器端同样需要加载 JavaScript 代码、获取 API，以及执行渲染代码完成整个渲染过程。本节着重介绍在 SSR 的实施过程中，需要注意性能方面的哪些问题，以及如何应用 SSR 来优化页面性能。

缓存

正如客户端的页面性能在很大程度上取决于资源、JavaScript 的缓存命中情况一样，SSR 的性能在很大程度上也依赖于缓存。对于服务器端来说，这方面的优势更明显，因为用户请求之间有大量可以缓存复用的内容，如非个性化的数据、可渲染的组件。

LRU 缓存替换机制

Phil Karlton 认为计算机科学中只有两件难事：缓存失效和命名。

对于缓存来说，最关键的问题就是应该什么时候让缓存失效。在浏览器中，我们无须关注资源缓存的去处，即使绝大多数 JavaScript、CSS 等静态资源的缓存时间非常长，开发人员也不需要关注缓存占据的磁盘空间。因此，导致用户的磁盘空间（或内存）被缓存占满。在服务器端则不同，我们需要自行处理这些缓存的失效机制，并利用有限的磁盘空间，通常将其称为缓存替换机制。

缓存替换机制的目标是在缓存空间有限的前提下，把无用的缓存删除，把空间用于保留有用的缓存。缓存是否无用，完全取决于未来的用户访问。我们无法得知用户接下来会访问哪些缓存，因此只能根据之前的规律进行推测。

LRU（Least Recently Used）以最近使用为依据来预测缓存的有效性。如果一份缓存刚刚加入或最近被使用过，则认为它是有效的。如果一份缓存很久都没有被访问过，则认为其可能是无效的。当空间不足时，优先删除这些很久都没有被访问过的资源。

数据缓存

现如今，大部分业务场景的页面渲染都需要依赖数据，数据的获取往往是渲染过程中较长的一条链路。并不是所有的数据都是可缓存的，可以把数据大概归纳为以下几种。

- 个性化的：又叫千人千面，即不同的用户访问得到的数据完全不同，如获取用户昵称。在服务器端缓存这种数据显然是不可行的，会导致用户访问到其他用户的数据。
- 非个性化、非实时的：这类数据在一个时间段内对于每个用户访问都是相同的，如榜单列表数据，整个网站在一个时间段只有一份榜单，并且更新可以允许一定时间的时效性，如 5min 更新一次。一般来说，这类数据应该被缓存。

- 实时数据：无论有没有个性化需求，如果数据需要非常高的实时性，如库存、积分等，都不建议在渲染阶段缓存。

所以，在 SSR 场景下，通常推荐对数据做区分处理，对于可以缓存的数据尽量利用缓存，对于不可缓存的数据应保证其唯一性和实时性。

组件缓存

运行时对象缓存可能是 SSR 场景特有的缓存方式，对于同一套系统（网站或应用）来说，这些模块在不同页面之间是存在一定的复用的。假设用户访问 A 页面使用了 a 组件、b 组件、c 组件，那么在访问 B 页面时很可能仍然使用 b 组件、c 组件。加载和执行这些组件的渲染逻辑是存在成本的，如果把这些用户访问过的组件渲染结果缓存起来，当与下一次渲染传入的数据（一般理解为组件的 props）完全相同时，就直接把上一次的结果返回给用户。

组件渲染的缓存需要由"组件相同 + 数据相同"决定。缓存的 Cache Key 一般包含的也是这两部分。可缓存的组件需要指定一个唯一的 name，并把用户传入的数据取特征值（如哈希值）后，组成完整的 Cache Key。

需要注意的是，缓存组件的渲染结果是做了一定的假设的。

- 该组件的渲染不依赖上下文的信息，只依赖传入的数据。例如，组件如果直接从 location.href 中读取数据来渲染，这样的缓存可能就是错误的，传入的参数不变，但预期的渲染结果并不相同。
- 该组件同样不应该对上下文产生副作用，如不应该在渲染后改变一个全局状态，虽然在一般情况下组件都不应该也不会有类似的行为。

并非每个组件都存在大量"相同组件 + 相同数据"的访问情况，每次都对数据取哈希值也需要一定的成本，并非所有组件都适合采用这种缓存方式，因此最好在渲染次数较多、时间较长的组件上使用。

资源缓存

在服务器端渲染页面同样需要先加载页面的 JavaScript 代码，大部分同构框架（如 Next.js）一起部署后端代码和前端代码，所以在文件系统中可以直接加载 JavaScript 代码。但是，对于很多生产环境中的场景来说，后端项目和前端项目往往不是在一起部署的，因此，在服务器端进行渲染时需要先从网络加载 JavaScript 代码。

这个时候在服务器端做的事情其实就和浏览器的工作类似，当用户访问时，请求到达服务器端，服务器端加载对应的 JavaScript 代码并且执行渲染，为用户返回 HTML，如图 18-2 所示。

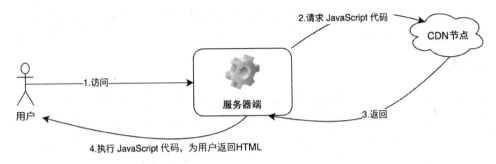

图 18-2 加载资源的流程

在服务器端渲染场景下，大量用户通过同一台服务器访问的页面资源是相同的，于是资源缓存在这种场景下对性能的影响就更加显著。一般来说，采用 LRU 控制的磁盘存储足够满足用户对资源缓存的需求。

运行时对象缓存

上面提到的缓存方式大多是可以在磁盘或 Redis 中进行的，而在服务器端渲染场景下，还可以借助内存缓存一些内容。JavaScript 的解析和编译都需要时间，引用一个库有时就需要上百毫秒。如果把这些可复用的运行时对象缓存在内存中，当下次用户访问时，就可以直接使用。

在大部分情况下，需要在构建上做一些工作，即针对服务器构建一份特别版本，把一些公用的模块通过 require 的方式进行引用而不是打到 Bundle 中，这样在渲染不同页面时就可以重复使用这些模块导出的运行时对象。

运行时对象缓存和其他缓存的不同之处在于，运行时对象只能被缓存在内存中，一旦控制不当就会出现 OOM 问题，并且组件在内存中占据的空间也是无法在运行时确定的，这就要求我们对于缓存的管理十分小心。关于内存对性能的影响和如何诊断内存问题可以参考第 14 章。

页面缓存

在某些情况下，整个页面的 HTML 都是可以被缓存一定时间的，这个条件同样取决于其对个性化和实时性的需求。对于这种页面级别的缓存，一般将其缓存在 CDN 节点上而不是服务器端，因为 CDN 节点离用户的物理距离更近，可以在更短的距离内尽早响应用户请求。

关于如何在 CDN 节点上缓存页面，以及做更多细粒度的控制，请参考第 20 章。

数据预取

在客户端渲染时，先在浏览器中执行 JavaScript 代码，然后由 JavaScript 发起 AJAX 请求来获取数据。假设使用的前端框架是 React，大多数情况下这段逻辑会在 componentWillMount 中，得到数据后再调用 setState 来刷新视图。

在服务器端最好提前发起数据请求，否则在服务器端渲染一个<div></div>交给客户端请求动态数据渲染再刷新视图是毫无意义的。大部分的服务器端渲染框架会约定在页面属性（如 Next.js 采用 getServerSideProps）上声明自己获取数据的方法，并在对应的页面被访问时直接开始请求数据。

如果是在没有服务器端渲染框架的情况下做服务器端渲染，就需要自行实现类似的数据预取逻辑，避免服务器端渲染不包含动态数据的页面内容，或者在过晚的时机才发起网络请求。

按需渲染

虽然服务器端渲染空节点返回给浏览器是没有意义的，但是大多数情况下在服务器端渲染整个页面的所有内容也是不必要的。在服务器端渲染时按需跳过部分不必要区块的渲染可以提高服务器端渲染的性能。例如，在 eBay 的一些页面中，如果禁用 JavaScript（这样就只能看到服务器端渲染的 HTML 内容），就会发现在屏幕以外的很多内容并没有被服务器端直接渲染出来，如图 18-3 所示。

服务器端渲染

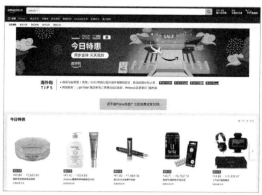
客户端渲染

图 18-3　在 SSR 阶段只渲染页面的一部分

这往往是最简单粗暴也行之有效的方案，渲染的内容越少，相对的渲染性能就会越好。

当然，这样做需要考虑对用户体验和 SEO 的实际影响，如果为了渲染得更快而跳过了页面主要内容（用户关注的或 SEO 场景下搜索引擎关注的），那么服务器端渲染就没有意义。

流式渲染

第 6 章介绍了流式渲染的概念。所谓流式渲染，就是让服务器端尽可能早地把可以渲染的内容发送给浏览器，在后续过程中流式输出完整的页面内容。

显然，这种机制在服务器端渲染场景下同样可以用于提高性能，如果能够在服务器端渲染过程中一边渲染一边把 HTML 传输给浏览器，用户就能更早地看到页面的内容，而不是一直在白屏面前等待。

现代的前端框架大多提供了相关的功能，如 React 提供了 renderToNodeStream。这对于使用服务器端渲染减少首屏延迟的场景尤其有用，当然，需要从数据层面实际论证对真实场景的性能影响。

18.3 小结

目前，大部分 Web 应用在逻辑上的复杂度已经相当高，它们的首屏渲染由于整个浏览器加载资源及执行 JavaScript 代码的流程，决定了大部分情况下在首屏渲染的性能很难达到服务器端渲染的首屏性能。

因此，在一些对首屏性能要求较高的场景下，如 landing page 等，可以使用服务器端渲染来解决首屏的性能问题。

服务器端渲染的优化方式和 Web 前端做的优化并不完全相同，并且会带来一定的复杂度和运维成本。当页面足够简单时，其实 HTML + JavaScript + CSS 也不失为一种不错的方案。

第 6 篇

泛前端技术与性能

- 第 19 章　跨端技术与性能
- 第 20 章　CDN 和性能

第 19 章
跨端技术与性能

移动互联网的发展给我们的生活带来了翻天覆地的变化，移动应用开发需求也使前端的开发生态更加丰富。本章着重介绍 WebView 和 React Native 两个主要跨端手段面临的性能问题和性能优化方案，大部分的跨平台技术和 Web 具有天然的联系，因此很多 Web 的优化手段在这些场景下也能发挥作用。

与 Web 应用不同的是，在跨端技术场景中，更需要因地制宜地考虑运行环境对性能产生的影响。一方面，跨端技术本身的原理可能会带来一些性能限制，如 JavaScript 和 Native 的通信其实是有成本的；另一方面，由于跨端容器运行在 App 这个相对浏览器更加自主可控的环境中，因此可以从 Native 端提供更多便利，如可以在 App 中提前发起 API 请求，等前端的业务代码执行完毕再提供给 JavaScript 消费。

也有人认为，跨端技术最终会完全取代原生的应用开发，事实上，直到今天也还有人这么认为。通过研究跨端场景下的性能可以看出，跨端技术的发展带来的趋势并非前端代替移动开发，而是 Web 技术和原生应用开发技术不断融合与协作。正如网络的发展会带来更多对网络要求更高的富媒体应用一样，硬件的发展会给原生应用开发带来更多的新交互和新体验（如 ForceTouch、高刷新率屏幕、AR 应用等），对于跨端技术来说，我们需要同时站在前端和原生应用开发的角度找到体验、性能和开发效率的最佳平衡点。

19.1 WebView 和 Native 的区别

Hybrid 应用最早指的就是在 Native App 中使用 Web（WebView）进行开发，也有很多人称为 H5 开发。由于 Web 技术的广泛使用和 WebView 事实上覆盖了绝大多数平台，因此采用 Hybrid 跨端的方式开发应用和页面成了一个理所应当的技术选型。

相比于常规的 Native 开发，Hybrid 开发允许开发人员尤其是前端开发人员用自己熟悉的 Web 技术和生态开发页面。Chrome 等也都提供了成熟的 Remote Debug 功能，使开发人员可以从计算机上用 DevTools 调试端上的容器。可以说，Hybrid 开发的生态和配备是相当全面的，典型的 Hybrid 跨端方案有 Ionic、PhoneGap 等。

虽然 Hybrid 开发具备很多优势，但也存在很多问题。Hybrid 在性能上的问题尤其多，相比于 Native 技术栈，Hybrid 开发很难提供足够好的性能。下面会从多个方面来解释产生这种性能差距的原因，以及如何进行优化。

第 12 章提到了浏览器渲染一个页面需要经过的完整过程，这个渲染链路在浏览器下我们已经习以为常，但这和 Native 应用的渲染方式相比存在很大的差异。

下面以 Android 的渲染机制为例，对比介绍浏览器渲染和 Android Native 应用渲染存在的差异。

LayoutInflater

Android 的内容和布局都写在 XML 中，具体如下。

```
<?xml version="1.0" encoding="utf-8"?>
<LinearLayout xmlns:android="http://schemas.android.com/apk/res/android"
        android:layout_width="match_parent"
        android:layout_height="match_parent"
        android:orientation="vertical" >
   <TextView android:id="@+id/text"
        android:layout_width="wrap_content"
        android:layout_height="wrap_content"
        android:text="Hello, I am a TextView" />
   <Button android:id="@+id/button"
        android:layout_width="wrap_content"
        android:layout_height="wrap_content"
        android:text="Hello, I am a Button" />
```

```
</LinearLayout>
```
这里面包括界面中的内容和一些布局信息（如宽度 match_parent），而 Android 通过 LayoutInflater 把 XML 解析为 ViewGroup 并加载到内存中，同时把里面的布局规则计算成具体的大小、位置等信息。

加载 XML 的具体过程

从根节点开始，递归解析 XML 的每个节点，通过节点名（类似于 HTML 的 tagname）使用 ClassLoader 生成对应的实例。实例化之后生成一个个 View，最后递归产生一棵 View 树，如图 19-1。

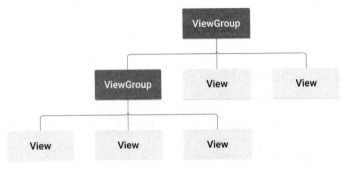

图 19-1　Android 的 View 树

Measure

下一个过程就是度量对象的具体大小。仅仅知道 match_parent 是无法知道度量对象真正的大小的。这个过程会调用 View 的 onMeasure(widthMeasureSpec, heightMeasureSpec)，其中的参数就是父 View 的大小信息，这里的大小信息不一定是具体大小。例如，当父容器的高度为 WRAP_CONTENT（由内容确定）时，那么该阶段容器的高度是不确定的。

下面以 LinearLayout（线性布局）为例展开介绍。

```
<LinearLayout android:layout_width="fill_parent"
    android:layout_height="200dp"
    >
    <TextView android:layout_width="fill_parent"
        android:layout_height="100dp"
        android:layout_weight="1"
    />
```

```
<TextView android:layout_width="fill_parent"
    android:layout_height="0dp"
    android:layout_weight="1"
    />
</LinearLayout>
```

在每个父 View 的直接子 View 度量结束后，因为第二个 View 没有 layout_height 所以暂时不分配高度，计算过程为第一个 View 已经占据 100dp，剩下的 100dp 按照 weight 的比例 1∶1 分配，即第一个 View 的高度为 150dp，第二个 View 的高度为 50dp。

总体来说，在度量过程中，父容器先调用子 View 的 onMeasure 过程获取期望的大小，然后计算出实际的大小。

这个阶段相对于浏览器渲染页面来说相当于 DOM + CSSOM → 渲染树的过程，可以看到，由于没有 CSS 这种基于选择器的全局样式描述，因此不需要递归两棵树进行合并，而是在加载 XML 后通过递归地度量来直接计算具体的属性和大小。另外，计算过程也不再是 CSSOM 的应用，而是对 Java 方法的调用实现。

Layout

在完成整体度量之后，可以得到一个类似于渲染树的状态，再递归调用 onLayout(int l, int t, int r, int b)计算布局信息，以此确定 View 的位置和大小，参数表示当前 ViewGroup 相对于父控件的坐标位置。

下面编写一个自定义容器，使子 View 呈对角线布局。

```
protected void onLayout(boolean changed, int l, int t, int r, int b) {
  for (int i = 0; i < getChildCount(); i++) {
    View child = getChildAt(i);
    if (i == 0 ){
      // 对子元素的 `layout` 方法进行调用，告知子元素最后确定的位置和大小
      child.layout(0, 0, (r - l) / 2, (b - t)  / 2);
    } else {
      child.layout((r - l) / 2, (b - t)  / 2, (r - l), (b - t));
    }
  }
}
```

Paint

虽然已经得到了 View 的大小、位置等信息，但是具体要绘制什么是不确定的，绘制过程调用 View 的 draw(Canvas canvas)，在 onDraw 中声明绘制的指令。

```
override fun onDraw(canvas: Canvas) {
    super.onDraw(canvas)

    canvas.apply {
        // Draw the shadow
        drawOval(shadowBounds, shadowPaint)

        // Draw the label text
        drawText(data[mCurrentItem].mLabel, textX, textY, textPaint)

        // Draw the pie slices
        data.forEach {
            piePaint.shader = it.mShader
            drawArc(bounds,
                    360 - it.endAngle,
                    it.endAngle - it.startAngle,
                    true, piePaint)
        }

        // Draw the pointer
        drawLine(textX, pointerY, pointerX, pointerY, textPaint)
        drawCircle(pointerX, pointerY, pointerSize, mTextPaint)
    }
}
```

这里的 onDraw 并非直接在位图上进行绘制，而是记录在 Display List 中，后续交给其他线程（而不是主线程）渲染。Display List 是一系列绘图指令的列表，在不必要的情况下可以不用重新触发 onDraw 而直接复用 Display List。

对于浏览器来说，完成分层阶段就已经知道要绘制的具体内容；但对于 Android 来说，通过 View 的 draw 执行后才能知道。

Surface

上面的渲染流程都是在一个 Surface 下发生的。而在 Android 中，一个对话框、Activity 等都是一个 Surface。普通的 View 公用一个 Surface，而 SurfaceView 则是单独的一个 Surface（类似于前端的 translate 产生的效果）。

上面的 Canvas 就是由 Surface 创建的，绘制完成后，Surface 把渲染任务提交给 SurfaceFlinger。

SurfaceFlinger

Android 中的光栅化由一个叫作 SurfaceFlinger 的系统服务进行，运行在 System 进程中。SurfaceFlinger 负责统一管理设备中 Android 系统的帧缓冲区（Frame Buffer，简单理解为屏幕显示的所有图形效果都是由它统一管理的）。它承担的角色类似于浏览器的合成器，负责把多个 Surface 的 Display List 交给 GPU 按照 z 轴的相对关系合成一个层并光栅化，合成完成后显示到屏幕上。

这里没有分块光栅化再合成的过程，事实上，这是因为 Chrome 采用的主要是异步光栅化，而 Android 采用的是直接光栅化。

图层动画包括各种图层的移动、滚动、淡入/淡出等。在动画过程中，图层的内容没有发生变化。对于使用异步光栅化的渲染引擎来说，它的分块缓存大部分都是有效的，不需要重新光栅化，或者针对图层滚动，只有少量从不可见到可见的分块需要重新光栅化。这也意味着在动画过程中，渲染引擎大部分时间只需要重新合成输出，而分块合成的开销非常低，通常最多只需要 2~3ms 的耗时。所以，在图层动画上，异步分块光栅化的策略有比较明显的优势，特别是在复杂的页面上。

非惯性滚动的其他图层动画，如 Android 的 UI Toolkit 采用的是直接光栅化，这样复杂度更低，不需要在合成过程中为图层额外分配任何像素缓冲区，意味着具有更好的首屏性能和更低的内存占用。

同步光栅化和异步光栅化的差异正是在 Android 中，浏览器在页面中的惯性滚动通常比原生应用表现得更流畅。

差异

在整个渲染流程中，存在相当多的差异点。

- 浏览器的解析过程伴随着一些必要资源的网络加载，如 HTML 和 CSS，而 Android 的资源通常在本地。
- 浏览器需要解析 CSS 的规则生成 CSSOM，而 Android 的样式信息都在 XML 中，只需要解析一次。
- 浏览器在布局过程中需要为 DOM Tree 应用 CSS 规则、计算几何信息等，而对于 Android 来说，只需要组件运行一遍 Measure 和 Layout 即可。
- 浏览器的光栅化、合成化过程比 Android 的更加复杂，首屏渲染更慢。当然，这也带来了更好的惯性滚动动画性能等。

从这些差异可以看出，WebView 由于 W3C 规范本身的复杂性和设计，在渲染性能上和 Native 渲染存在差距。至于如何优化 WebView 内的渲染性能，其实在第 12 章已有介绍，在 Hybrid 开发中也是一致的。

19.2　WebView 的通信成本

在开发 Hybrid 页面的过程中，需要和 Native App 本身进行通信。例如，唤起 App 的某个原生页面，通过 Native 的接口获取某个 App 的信息，这就涉及 WebView 和 Native 应用进行通信的过程。

一般把这种 JavaScript 和 Native 进行通信的机制称为桥（Bridge），顾名思义，就是在 Native App 和 WebView 之间架起一道桥梁，使 WebView 中的 JavaScript 可以和 Native 进行双向通信。

本节主要介绍 WebView 和 Native 通信的几种常见的实现方式，了解了这些实现方式后读者就可以理解通信为什么是有成本的，以及应该如何进行优化。

JavaScript 调用 Native

由于不同平台、版本的 WebView 实现存在差异，因此 JavaScript 调用 Native 的桥机制也存在多种方法。

注入 API

这种是最容易理解的，对于部分能够直接访问到 JavaScriptContext 的 WebView 实现，如 iOS 7.0+ 的 UIWebView，可以直接向 Context 中注入函数，使 JavaScript 通过注入的函数调用 Native。

```objc
JSContext *ctx = [webview valueForKeyPath:@"documentView.webView.mainFrame.javaScriptContext"];
ctx[@"callMethod"] = ^(NSArray *args) {
    // 处理逻辑
};
```

这样就可以直接通过 window.callMethod 调用原生的处理逻辑。然而到了 WKWebView 下，事情又发生了一些变化。由于 WKWebView 为了获得更好的隔离环境和性能采取了多进程架构，无法直接得到 WKWebView 的 JSContext 来注入同步的 API。

在 WKWebView 下，可以通过 addScriptMessageHandler 为页面添加方法。

```objc
- (void)viewDidLoad {
    [super viewDidLoad];

    WKWebViewConfiguration* configuration = [[WKWebViewConfiguration alloc] init];
    configuration.userContentController = [[WKUserContentController alloc] init];
    WKUserContentController *userContentController = configuration.userContentController;
    [userContentController addScriptMessageHandler:self name:@"callMethod"];
}

- (void)userContentController:(WKUserContentController *)userContentController didReceiveScriptMessage:(WKScriptMessage *)message {
    if ([message.name isEqualToString:@"callMethod"]) {
        // 处理逻辑
    }
}
```

但是这种注入并非直接在 Context 中注入方法，而是通过 PostMessage 进行异步通信。

对应的 Android 下也提供 JavascriptInterface 为页面直接注入一个方法。

```java
webView.addJavascriptInterface(new NativeBridge(), 'native');

public class NativeBridge(){
    @JavascriptInterface
    public void callMethod(){
        // 处理逻辑
    }
}
```

通过 window.native.callMethod 在 JavaScript 运行环境中直接调用对应的方法。

JavascriptInterface 是从 Android 4.2 开始提供的，而 Android 的 addJavascriptInterface 在之前的版本中其实已经可以使用。然而在之前的版本中，JavaScript 可以任意调用注册对象的任意方法，包括系统类（java.lang.Runtime）：

```
for (let key in window) {
  if ('getClass' in window[key]) {
    return window[key].getClass().forName('java.lang.Runtime');
  }
}
```

这就导致别有用心者可以通过得到的 java.lang.Runtime 执行任何代码。而后 Android 4.2 为了解决这个问题引入了 addJavascriptInterface，要求可以被访问的方法必须先经过标注。也就是说，安全地使用这个方法是存在兼容性问题的。总体来看，注入 API 的方式最方便，但是在 iOS 和 Android 下分别存在一些兼容性问题。

拦截 URL Scheme

WebView 会提供针对 URL 跳转的事件拦截，为了能够有兼容性更好的安全方案，产生了基于拦截 URL Schema 的 JavaScript Bridge 方案。简单来说，就是在 WebView 层监听 URL 的改变，以此来响应事件。

Android 的 WebView 提供了 shouldOverrideUrlLoading 方法，用于在 Native 层拦截 WebView 的 URL 请求。

```
public class InAppWebViewClient extends WebViewClient {
  @Override
  public boolean shouldOverrideUrlLoading(WebView view, String url) {
    // 解析 URL 的内容，并做出响应
    return super.shouldOverrideUrlLoading(url);
  }
}
```

在 iOS 下，WKWebView 也提供了 decidePolicyForNavigationAction 方法。

```
- (void)webView:(WKWebView *)webView decidePolicyForNavigationAction:(WKNavigationAction *)navigationAction decisionHandler:(void (^)(WKNavigationActionPolicy))decisionHandler {
  if ([navigationAction.request.URL.relativeString hasPrefix:@"hybridCall://"]) {
    // 解析 URL 的内容，并做出响应
```

```
    }
}
```

在前端可以通过创建一个特定 URL Scheme 的 iframe 来触发这种调用。

```
const trigger = document.createElement('iframe');
trigger.href = `hybridCall://${encodeURIComponent(args)}`;
document.body.appendChild(trigger);
```

通过这种方式可以实现从 JavaScript 中对 Native 的调用，优点在于不存在兼容性和安全问题，但是使用起来较为烦琐，而且 URL 本身可能存在长度限制，这就导致调用本身能携带的数据大小受到限制，这种情况需要考虑分块传输等方式。

这种方式在实践中也会碰到一些问题，如 iOS 的 UIWebView 在高并发请求的情况下会出现丢失部分 URL 变更事件的响应。

拦截 prompt 方法

除了 URL 的改变容易被简单拦截，WebView 还提供了拦截 alert()、confirm()、prompt() 的方法。prompt 方法的返回值是最自由的，所以经常通过拦截 prompt 方法来通信。同样，prompt 方法有调用参数长度的限制。

在 Android 下，可以通过复写 onJsPrompt 的方法来响应 prompt 的行为。

```
@Override
public boolean onJsPrompt(WebView view, String url, String message, String defaultValue, JsPromptResult result) {
    // 根据 message 判断是否是我们定义的 Hybrid 调用，如果是则处理，否则进入常规的 prompt
    if (isHybridCall(message)) {
        // ...
    }
    return super.onJsPrompt(view, url, message, defaultValue, result);
}
```

在 iOS 下，WKWebView 也提供了针对这几个方法的重写功能，同样以 prompt 为例展开介绍。

```
- (void)webView:(WKWebView *)webView runJavaScriptTextInputPanelWithPrompt:(NSString *)prompt defaultText:(nullable NSString *)defaultText initiatedByFrame:(WKFrameInfo *)frame completionHandler:(void (^)(NSString * __nullable result))completionHandler {
    // 做对应的处理
}
```

由于 WKWebView 是多进程的，因此采用这种方法拦截是通过 completionHandler 异步返回的。之后在前端的使用需要按照一定的特征拼接出对应的 prompt 参数，通过调用 prompt 的方式完成实际的调用。

拦截 prompt 的兼容性也比较好，并且解决了 URL Scheme 没有返回值的问题，但使用起来比较复杂。

定时轮循方法

上面的方法在 UIWebView 上仍然存在问题，还有一种性能差一些但是更可靠的方法，即在 Objective-C 中定时通过 JSContext 轮询一个队列。当需要在 JavaScript 中调用 Native 时，把对应的方法和参数推送到这个队列中，在 Native 中轮询到新的任务时，执行并且消费对应的方法和参数。

这种方法理解起来非常简单，基本上没有太大的限制，相应的缺点是影响性能。

Native 调用 JavaScript

这部分相对来说比较简单，主要分为以下两种。

evaluateJavascript

最常见的方式是通过 evaluateJavascript 接口执行一段 JavaScript 字符串，并且获取返回值。Android 4.4 及其之后的版本才支持 evaluateJavascript。在 iOS 的 UIWebView 和 WKWebview 中也有类似的方法，这里不展开介绍。

loadURL

对于不兼容的场景，其实可以通过 loadURL 直接调用 javascript:console.log('test')执行 JavaScript 代码。

```
webView.loadUrl("javascript:console.log('test')");
```

这种方式主要用于兼容场景。

双向通信

上面介绍了各种各样的通信方式，各种通信方式都有其优点、缺点和局限性。从本质上来说，Native 和 JavaScript 的调用可以看作 RPC 调用。并非所有的方式都能实现类似 RPC 调用，即异步返回结果的能力。为了保证可以双向通信，需要在单向通信的基础上实现双向通信，这个过程可以参考 JSON-RPC 的实现方式。

- 一侧发起请求到另一侧,携带一个 UUID,并在等待列表中注册 UUID 和对应的回调。
- 另一侧响应请求，处理完成后把结果带着 UUID 调用返回原请求侧。

同时，对于拦截的方法（无论是 URL 还是 prompt），其实从本质上来说都是基于协议的，需要客户端和前端的调用层保持一致的行为。

通信对性能的影响

介绍 Hybrid 容器通信的机制，就是为了帮助读者更好地理解它对性能会产生什么影响，从而规避性能问题。

减少通信数据量

大部分通信过程伴随着序列化和反序列化，其中 URL 和 prompt 拦截等方法，在遇到过长的数据时还会被迫采用分块传输，或者让 Native 主动再调用一次 JavaScript 以获取额外的参数，这会进一步影响性能。所以，要尽可能减少通信过程中传输的数据量。

避免阻塞依赖通信数据

有些场景会尝试采用异步阻塞的方式依赖通信数据，由于这种通信从本质上来说是异步跨进程的，一次调用意味着从 JavaScript→Native→JavaScript，在很多情况下会有长达数百毫秒的阻塞（如 JavaScript 主进程在回调回来的时候正在忙）。因此，应尽可能避免对这些调用的阻塞依赖，将其视为网络调用来使用是更合理的方式。

避免频繁通信

这些通信方式都并非没有成本，在一些兼容场景下，通信可能会相对更加复杂，所以尽可能避免不必要的频繁通信（如轮询等）可以减小复杂度。

本节介绍了 Hybrid 跨端面临的性能问题及其背后的原因。通过了解这些设计，可以在 Hybrid 场景下规避性能问题，除此之外，也可以帮助读者判断在什么场景下使用 Hybrid 的性能问题是可接受的，大致需要多大的优化成本。

总的来说，Hybrid 作为背靠 Web 生态，相关工具链最健全也最贴近 W3C 标准的方案，是使用最广泛的跨端方案。对于一些对性能要求体验更高的场景，基于 WebView 的 Hybrid 方案在性能和体验方面会稍逊一筹，这也催生了一些更加贴近 Native 的跨端方案，React

Native 就是其中的典型。接下来以 React Native 为例介绍 React Native 在性能优化的实践方面的注意事项。

19.3 React Native 的懒加载有何不同

懒加载是一种非常常见的优化手段。当打开一个复杂的页面时，如果一次性渲染整个页面上的元素并加载图片，很多时候是过于浪费的。所以，可以根据用户视窗只渲染当前在显示范围内的元素。

这样不仅可以节约 JavaScript 执行渲染组件的开销，还可以降低 Native 端的渲染开销，让用户可以更快地看到界面和更顺畅地交互。更重要的是，如果打开一个页面就尝试加载和解码整个页面所有的图片，就会迅速完全占用移动设备并不多的网络带宽和内存。

Web 实现

在 Web 中，懒加载的实现非常简单，使用 IntersectionObserver 能够直接观测一个 DOM 对象有没有出现在指定的视区中。

```
const observer = new IntersectionObserver((entries, observer) => {
  entries.forEach(entry => {
    if(entry.isIntersecting){
      entry.target.src = entry.target.dataset.src;
      observer.unobserve(entry.target);
        // 进入视区，开始加载
    }
  });
}, {rootMargin: "0px 0px -200px 0px"});
document.querySelectorAll('img').forEach(img => { observer.observe(img) });
```

然而到了 React Native 中，并没有直接对应的 API 可以使用。

基于滚动容器的懒加载

我们可以直观地想到对应的方案，首先为屏幕的每个模块确定高度和边距信息，据此可以大致推算出第一屏需要加载的组件，而把剩下的组件单独放在一起，随着时间的推移分块加载，这样由两个不同的渲染逻辑驱动两类组件的渲染。

```
<FirstScreenComponents />
<RestComponents /
```

当滚动容器滚动到底部时,RestComponents 触发渲染更多的组件,判断是否滚动到底部也并不复杂,ScrollView 的 onScroll 属性的回调中会提供相关的参数。

```
function detectReachEnd({ nativeEvent }) {
  const { contentOffset, layoutMeasurement, contentSize } = nativeEvent;
  if (contentOffset.y + layoutMeasurement.height >= contentSize.height) {
    // 触发渲染更多的组件
  }
}

<ScrollView
  onScroll={detectReachEnd}
>
</ScrollView>
```

具体的计算方式是,随着 ScrollView 的滚动,contentOffset.y 会不断改变,如图 19-2 所示。

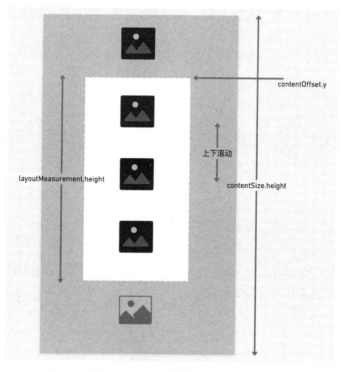

图 19-2　根据 ScrollView 的滚动事件计算屏幕位置

其实，采用这种方案不仅能探测滚动容器是否滚到底部，还可以根据每个模块的高度来推算当前应该渲染哪个模块。如果要通过这种方案实现懒加载，就需要针对容器内的每个模块指定确切的高度。如果只想针对页面中的部分模块做懒加载，对其他模块的高度一无所知则无法实现。

所以，这种方案在大部分情况下仍然只被用来做从前到后的依次渲染，因为无论我们是否知道每个模块的高度，滚动容器滚动到底部总是可以确定的。

基于位置获取的懒加载

如果想克服上面方案中存在的问题，可以在 React Native 中动态获取元素在屏幕上的位置，并由滚动时间触发或定时触发。

而在 React Native 中可以通过 measureInWindow 来获取 Native Node（真实渲染的 Native 元素）的大小和位置信息。

measureInWindow

measureInWindow 是获取一个元素在当前屏幕中的位置最直接的方法，可以通过一个 Native Node 的 Ref 进行访问。

```
function Component() {
  const nativeRef = useRef(null);
    useEffect(() => {
    if (nativeRef.current) {
        nativeRef.current.measureInWindow((x, y, w, h) => {
                // 获取到位置和大小信息
            });
      }
  })
    return <Text ref={nativeRef}></Text>;
}
```

需要注意的是，measureInWindow 在当前版本（0.65.1）的 React Native 中仍然存在一些两端不一致的问题，在 Android 下获取的 y 值并不包含系统状态栏的高度，而在 iOS 下是包括的。

实现思路

在获取到组件的位置后，接下来需要确定在什么时机触发位置检测。用 setInterval 让所有组件检测自己的位置显然是不合适的，所以需要尽可能少但准确地触发检测操作，可以使用 ScrollView 的 onScroll 事件。

一个滚动容器 scroll 触发所有的懒加载组件检测是不合适的，因此需要尽可能缩小检测的范围。例如，触发某个滚动容器的滚动时间后，应尽可能通过 context 遍历下面的所有子懒加载组件检测子组件是否更新到了视图中。

如图 19-3 所示，横向滚动的容器应该只触发其子节点更新。

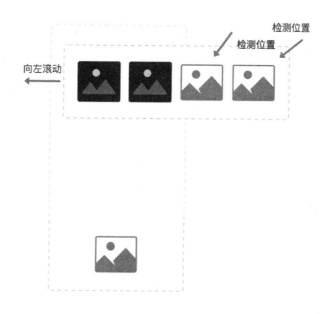

图 19-3　容器滚动应该只触发其子节点的更新

虚拟列表

与普通的长页面相比，列表页（尤其是无限滚动加载的列表页）的长度和显示的内容远超其他类型的页面。如果不做控制，用户可能在类似 Timeline 和搜索页的无限滚动中不知不觉地加载出十几个屏幕的内容。

于是，在 RN v0.43 中，推出了一系列围绕长列表组件的新组件。

- VirtualizedList。
- FlatList。
- SectionList。

VirtualizedList

VirtualizedList 是一个在长列表优化中比较常见的方案，在渲染一个比较大的列表时，VirtualizedList 可以只渲染展示在屏幕中（及附近的）元素。因此，VirtualizedList 具有更好的性能，也消耗更少的内存。虚拟列表如图 19-4 所示。

FlatList

FlatList 是一个长列表渲染组件，看上去与懒加载似乎没有什么关系，但是实际上可以转换一种思路来看待懒加载的问题：如果直接从滚动容器层面控制当前要渲染哪些子组件，就做到了懒加载。

这么做意味着被渲染的子组件层面并不需要单独再做适配，甚至在它们没有被加载时连代码都不用执行。

和<ScrollerView/>不同，<FlatList/>把组件渲染逻辑拆分到 renderItem 中，并根据数据和当前滚动的状态自动触发 renderItem 的渲染。

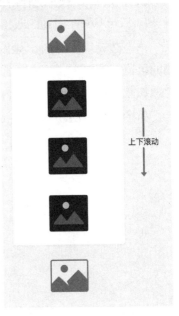

图 19-4　虚拟列表

```
<FlatList
  data={DATA}
  renderItem={renderItem}
  keyExtractor={item => item.id}
/>
```

其他方案

其实，除了<FlatList/>，还有一些其他方案，从<FlatList/>的实现可以看出，它只是一个懒渲染的列表组件，而并非完全只保留屏幕中内容的虚拟列表组件。

相应地，社区也有一些纯虚拟列表的实现能够做到比<FlatList/>占用更小的内存（因为回收不在屏幕中的组件），更顺畅地滚动。但是相应的代价是，需要提前确定好所有组件的宽和高，这样列表在渲染时可以直接根据滚动位置精确地计算要渲染什么组件，以及回收什么组件。在列表组件的数量没有特别大的情况下，这样做的优势并不是特别明显。所以，在没有特殊需求的场景下，并不建议引入这种复杂度。

19.4　React Native 如何减小打包体积

目前的 React Native 应用大多已经采用了离线包，虽然包体积对下载耗时的影响不像传统的 Web 页面那么大，但包体积仍然对 React Native 应用的性能存在诸多方面的影响，这是优化的基础指标之一。

- 加载性能的影响：虽然已经从离线包加载，但是包体积对加载耗时仍然有直接的影响，尤其是在 Android 端。
- JavaScript Parse & Compile 耗时：JavaScript 代码在执行时，首先要经过 Parse 和 Compile 的过程。这个过程和压缩后的大小无关，和没有压缩的 JavaScript 代码的体积成正比。即使没有实际执行的代码也需要解析，Android 端在这个环节的耗时也显著增加。
- 执行耗时：JavaScript 代码的体积过大很多时候代表更长的执行耗时，而这部分代码中的执行部分还需要额外消耗时间。
- 内存压力：这一点不难理解，额外读取、Parse、Compile、运行都意味着占用更多的内存。

JavaScript Bundle 的体积优化是 React Native 应用/页面优化的基础，在加载性能、执行性能、资源占用方面几乎都能带来明显的收益。

Metro

React Native 广泛使用的打包方案并不是社区流行的 webpack、Rollup 等，而是由 Facebook 自行开发的 Metro。

之所以没有采取 webpack 有一些历史原因，如 Metro 在设计之初 webpack 并未广泛流行，另外，React Native 在 Metro 上实现了一些定制功能，如针对 Hemers 引擎的需要把 JavaScript 打包成字节码等。

社区也有基于 webpack 做 React Native 打包的方案，如 repack。但在大多数情况下，Metro 都是在 React Native 中使用的主流方案，其和 webpack 的差异也会导致包体积的优化手段存在差异。本节重点介绍在 Metro 没有直接提供各种打包优化能力的情况下，如何凭借对这些优化原理的理解达到同样的目标。

度量

先确定一个指标，由于目前已经广泛使用拆包，因此直接用拆包后构建的 rn@index.bundle 的文件体积作为指标即可。可以直接用 shell 脚本。

```
ls -lh ./dist/android/index/rn@index.bundle | awk '{ print $5 }'
```

由此可以得到当前的 Bundle 文件的体积。

分析

仅仅是文件大小并不能指导我们要从哪里开始优化，所以需要使用一些分析工具。由于 React Native 目前使用 Metro 作为构建工具，因此可以使用 React Native-bundle-visualizer 来分析 Bundle 的构成，如图 19-5 所示。

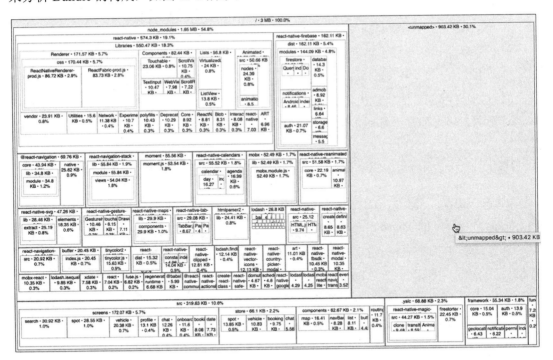

图 19-5　React Native 打包分析

手动 Tree Shaking

Rollup、webpack 等主流方案在 ES Module 的基础上都支持 Tree Shaking 功能，允许删除没有真正引入的代码。然而，Metro 暂时不具备实现相关的功能。在大多数情况下，这对我们的影响可能并不大，但是对于部分库来说并非如此。

react-native-svg 库如图 19-6 所示。

图 19-6　react-native-svg 库

在 React Native 社区可以广泛使用 react-native-svg 库。其中，react-native-svg 库引入了 css-tree 库的一些功能，但该库并不依赖这些功能。只是 css-tree 库提供了一些和 svg 相关的操作可以组合使用，所以就将其作为库的一部分引入后直接又导出了出去。不巧的是，css-tree 库并不是为移动端设计的，其打包体积达到了 380.7KB，如图 19-7 所示。

图 19-7　css-tree 库的打包体积

由于 Metro 并不提供 Tree Shaking 功能，因此只能引入整个库。针对这种情况，只能手动对这种体积过大的库进行裁剪，移除里面 css-tree 库相关的代码，可以直接减小 400KB 左右的打包体积。

这里只是用 react-native-svg 库来举例，如图 19-8 所示，这种有优化空间但占体积比较大的依赖都可以采用类似的方式进行手动裁剪。

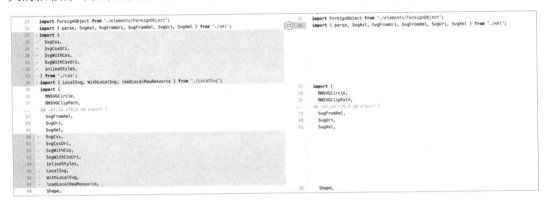

图 19-8　手动为 react-native-svg 库提供 Tree Shaking 功能

alias

当然，裁剪完之后就需要便捷的方式把对之前库的引用全部指向新的库。在 webpack 下可以使用 alias 特性，但是 Metro 并不支持。

Metro 支持拓展 Babel 插件，而 babel-plugin-module-resolver 具有类似的功能。

```
module.exports = {
    presets: ['module:metro-react-native-babel-preset'],
    plugins: [
        [
            'module-resolver',
            {
                root: ['./'],
                alias: {
                    'react-native-svg': '@your-space/react-native-svg',
                }
            }
        ],
    ]
}
```

在 Metro 下修改 Babel 插件的配置需要在 presets 中引用 module:metro-react-native-babel-preset，其他的和普通项目没有差别，这里用上面的 react-native-svg 库的 alias 举例。由于 Metro 本身支持的优化和定制功能并不多，因此后面的优化也需要依赖 Babel 插件提供的大量功能。

利用 Babel 插件进行优化

虽然在使用 Metro 的情况下无法使用 webpack 的很多特性，但其实有一部分的体积优化工作可以由 Babel 插件完成。

Lodash

Lodash 是常用的工具库，提供了很多看起来小而美的函数。但是，Lodash 其实并没有我们想象中的那么小，引入整个包大概需要 70KB。实际上，在大部分情况下我们只需要中间几个函数的功能。

下面引入 transform-imports 这个 Babel 插件。

```
['transform-imports',
{
  lodash: {
    transform: 'lodash/${member}',
    preventFullImport: true
  }
}]
```

以此把

```
import { get } from 'lodash'
```

编译成如下形式。

```
import get from 'lodash/get'
```

这样可以避免因为使用几个库而引入整个 Lodash，采用这种做法大概可以优化 40KB 的体积。

这种方式不仅对 Lodash 有效，很多其他库（尤其是组件库等）都可以采用 babel-plugin-transform-imports 插件，读者如果要开发组件库或工具库也可以考虑对这种引用形式的适配。

@babel/preset-env

Metro 的构建默认使用 metro-react-native-babel-preset，选用一些 Babel 插件进行编译，其中包括一些用于把 ES6 编译成 ES5 的插件。

目前，移动端的 JavaScript 引擎版本其实已经比较现代了，Android 端的 React Native 容器一般是随着应用打包 JavaScriptCore 引擎，而 iOS 端则是跟随系统版本。部分 ES6 特性（如箭头函数）已经认为被 React Native 的 JavaScript 引擎广泛支持。

而 Babel 7 开始支持的@babel/preset-env 提供了根据浏览器版本、系统版本等决定是否将部分特性编译到 ES5 的功能。我们只需要做一些工作，就可以用@babel/preset-env 来代替 metro-react-native-babel-preset。

如果用下面的配置来代替 metro-react-native-bable-preset，就可以自行定义 target 的目标版本，以及开启 loose mode。

```
module.exports = {
    presets: [[
        '@babel/preset-env',
      {
        targets: { ios: '10' },
        modules: false,
        loose: true,
        include: ['transform-classes']
      }
    ]],
    plugins: [
      'transform-async-to-promises',
      '@babel/transform-flow-strip-types',
      '@babel/proposal-optional-catch-binding',
      ['@babel/proposal-class-properties', { loose: true }],
      ['@babel/proposal-object-rest-spread', { useBuiltIns: true }],
      ['@babel/transform-react-jsx', { useBuiltIns: true }],
      ['@babel/proposal-private-methods', { loose: true }],
      [
          '@babel/transform-modules-commonjs',
          { strict: false, strictMode: false, allowTopLevelThis: true }
      ],
    ]
};
```

loose mode 是 Babel 插件提供的一个参数，用于在不严格遵循 ES6 语义的情况下减少生成的代码量，在大部分情况下都是可用的，但是也取决于代码中是否有一些没有覆盖到的 edge case。

需要注意的是，这里只是介绍用这种思路来进一步发挥 Babel 插件的功能，由于 Metro 等工具的演化，实际的用法可能随着时间的推移会发生变化。

体积和性能的关系

从最后的性能数据来看，React Native 的包体积和性能几乎是成正比的。在现实的一个优化场景下，把包体积减小 40%，那么加载时间和容器渲染耗时基本同步减少 40%。事实上，由于对 JavaScript Bundle 做了离线化，减小体积带来的网络传输收益在这里无法体现，但对于大部分直接从网络加载的 React Native 页面来说收益会更加显著。

React Native 的构建优化和普通 Web 应用的主要区别来自 Metro 与主流打包器的差异，利用更加现代的打包工具能够自动去掉不需要的代码，减少模块冗余带来的成本。在工具没有那么先进的情况下，我们对工具的工作原理的理解就会发挥作用。包体积优化相比于其他的优化并没有那么多的技巧性，但是减少代码量永远是减少耗时的有效手段。

19.5　API 并行请求

目前，大量的页面都不是直接由服务器端渲染出 HTML 展示给用户，而是更像 Client/Server 的架构，由前端代码进行渲染，通过 API 请求和后端进行交互。跨端场景更是如此，如 React Native 中并没有服务器端渲染的概念，很多场景下的页面渲染不是仅依赖 JavaScript 就能做到的，而是需要依赖 API 的数据内容。

网络请求的速度总是不可靠的，使用移动设备的用户在切换网络的过程中，可能在网络环境较差的地铁中。从统计数据来看，API 请求会占据首屏渲染前大量的时间。

例如，在一个 WebView 或 React Native 容器中通过客户端接口获取 API，整个流程如图 19-9 所示。

图 19-9　获取 API 的流程

可以看到，其实前面在加载和执行 JavaScript 时网络是空闲的，而在跨端场景下可以在 App（更准确的说法是跨端容器）层面做更多的工作。如果可以把 API 请求提前到容器打开阶段，就会把串行过程优化成并行过程，如图 19-10 所示。

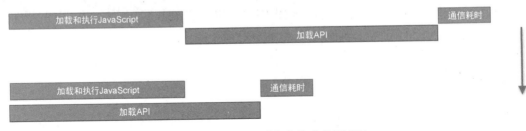

图 19-10　把串行过程优化成并行过程

这种方案称为 API 的并行加载（API Prefetch），也有人称为 API 预加载（API Preload），其实并没有标准的称呼。

类似的串行转并行的优化方案在很多地方都有运用，如 HTTP/2 的多路复用、模块加载优化器 r.js、spm、OCSP Stapling、ServiceWorker Navigation Preload 等。

发起请求

发起 API 请求的时机之所以发生在加载和执行 JavaScript 代码后，是因为需要通过执行业务逻辑来判断需要发出什么样的网络请求，以及携带什么参数等。既然要把 API 请求提前到容器打开时，就需要在不依赖 JavaScript 的情况下让客户端能够得到请求的内容。

直接通过一份页面描述配置就可以解决这个问题。

```
{
    "url": {
        "method": "GET",
        "url": "/api/xyz"
    }
}
```

对于现实中的大部分页面来说，请求的内容都不太可能是静态的，请求信息本身存在一定的动态性。例如，当用户请求下面两个不同的 detail 页面时，通常期望 API 请求的参数也不同，至少要包含不同 detail 的 ID。

- https://xyz.abc/detail?productId=122。
- https://xyz.abc/detail?productId=129。

但这种动态逻辑是无法穷尽的，如果期望开发人员可以随意地实现动态性，就需要加载和执行 JavaScript Bundle 才能开始发起请求。因此，需要在这种动态性和对业务逻辑的依赖之间做出平衡，对于大部分场景来说，允许开发人员把页面参数作为请求的一部分就能满足需求。可以约定在配置中采用{{productId}}这样的方式标注从 URL 上取 productId 的参数内容进行填充。

示例如下。

```
{
    "url": {
        "method": "GET",
        "url": "/api/xyz/{{productId}}"
    }
}
```

或者采用如下形式。

```
{
    "url": {
        "method": "GET",
        "url": "/api/xyz",
        "data": {
            "productId": "{{productId}}"
        }
    }
}
```

这种方式用来支持通过约定的方式来告知客户端如何组装参数的请求信息，剩下的就是在客户端实现解析配置、组装请求信息和发起请求的逻辑。

这里介绍的是一个页面提前加载一个 API 的简单场景，实际的场景可能相对更复杂一些，如可能还需要允许配置从其他地方获取的某些动态参数等。另外，页面路由的匹配方式本身是一个和 API 并行加载并没有太大关系的话题，这里就不展开介绍。

由于不同的场景对请求信息的需求不同，因此开发人员可能需要根据实际的场景来判断采用什么方式约定动态参数，以及支持采用什么方式获取参数。

请求拦截

请求拦截在客户端有多种实现方案，对于大部分业务场景来说，在客户端的请求本身可能就是经过封装的，通过前端调用客户端接口调用网络库获取 API 请求等。我们只需要在请求阶段匹配是否有已经在进行中或已经请求完成的 API 即可。如果匹配到对应的并行加载请求，则等待并行加载返回内容。如果没有，则回落到正常的网络请求即可。

一致性检验

在把请求的信息前移到客户端的配置中后，随之而来的一个问题是前端的业务代码可能随着迭代会和这份配置的代码不一致，如在新的迭代需求中修改某个参数的逻辑，而维护人员并没有意识到还有一份配置文件需要同步修改。

有多种思路可以避免出现这种问题，如在前端代码发布端做卡口，或者在前端构建中自动生成并且同步配置文件等。相对来说，比较保险的方案是在端侧消费时校验参数是否一致，如可以把请求的参数排序编码后做哈希计算，作为一个唯一识别的 key 传递给端，从而判断当前的 prefetch 是否是有效的，如果不是有效的则仍然正常发起请求。

命中率分析

因为配置下发、路由匹配、一致性校验等阶段都可能放弃发起或消费 prefetch，所以建议在相应的优化上线后通过数据分析整体的 prefetch 消费的情况，如有多少次访问消费了 prefetch 的结果，没有消费的原因是什么，命中 prefetch 和未命中 prefetch 的性能差异有多少，以及是否符合预期。

19.6　小结

本章介绍了跨端技术对性能的影响。跨端技术作为一种连接 Web 和原生应用的技术，其目的是在提高迭代效能的同时保证体验和性能。要做到这一点，就需要能够跳出前端开发、Web 开发的视角，从 Web 和原生应用的视角找到不同场景在效能与性能上的最优解。

这种跳出纯 Web 开发从全局看问题的能力在性能优化过程中经常需要用到，第 20 章会介绍和 Web 开发联系非常紧密的网络服务，即 CDN。很多 Web 开发人员对于 CDN 的理解就是可以快速托管静态文件。事实上，CDN 的应用远不仅于此，随着近几年边缘计算概念的普及，各家 CDN 服务商还提供可编程功能，有效利用 CDN 可以极大地改善网站或 Web 应用的性能。

第 20 章
CDN 和性能

很多开发人员都知道 CDN 可以用来托管静态文件，但实际上，CDN 除了可以用来托管静态文件，还可以做非常多的事情，如具有一定动态性的 API 仍然可以通过 CDN 进行缓存，完全不适合缓存的实时千人千面数据同样可以通过 CDN 获得加速。

一直以来 CDN 作为广泛使用的基础设施，在性能领域扮演着至关重要的角色。同时，随着近几年边缘计算的发展，未来 CDN 必将给开发人员带来更广阔的想象空间。本章主要介绍 CDN 的工作原理，以及借助 CDN 可以为性能带来什么。

20.1 什么是 CDN

CDN（Content Delivery Network，内容分发网络）是指通过分布在不同地区的服务器，在互联网上分发内容。可以说，在使用互联网的同时就意味着在使用 CDN 分发内容。

相比于直接用服务器集群为用户分发内容，CDN 能够以更低的延迟，在更短的时间内把内容传输到用户的机器上。之所以能实现这一点，是因为 CDN 的机器分布在各个地区，可以通过就近的节点为用户提供内容。而制约网络速度和延迟的最终因素就是物理距离。对于杭州的一个用户而言，杭州机房的一台机器在大部分情况下都能比北京的一台机器更快地把数据传输给他。

解析

就近访问的能力需要依赖域名解析（DNS）。因为要访问的资源在大多数情况下并不会因为用户在杭州或北京就使用不同的 URL。当用户打开一个页面时，浏览器通过域名解析找到一个 URL 对应的主机（Host），这个时候用户就会解析到离自己最近的 CDN 节点。

CDN 服务商的 DNS 记录使用的都是 CNAME 域名而不是 A 记录，因为 A 记录只能是一个固定的 IP 地址，而 CDN 服务商需要根据地区把同一个域名解析到不同的就近 IP 地址上。所以，在大部分情况下都会让使用方通过配置 CNAME 域名来重定向到 CDN 服务商的域名，而 CDN 服务商再通过分地区解析的功能把这些域名指向距离最近的边缘节点。

边缘节点

所谓边缘节点，就是指在整个 CDN 网络中的具体服务集群，当通过域名解析得到一个 IP 地址后，这个 IP 地址就是就近的边缘节点的 IP 地址。边缘节点在收到来自用户的请求后，会尝试从 CDN 的缓存中寻找是否存在可用的缓存。

这里的缓存机制并非仅仅是在边缘节点进行缓存，而是分为 L1/L2 分层缓存，实际上具体如何分层取决于 CDN 服务商具体的实现，可能存在更多层。其中，离用户更近的节点就是 L1 缓存。

可以设想，既然 CDN 的机器遍布各个地区，如果只在离用户最近的节点缓存内容，就意味着缓存的利用率还是非常低的。所以，当 L1 也就是边缘节点没有缓存时，CDN 会尝试从更大范围的 L2 节点请求缓存。由于是内部网络，因此这种请求仍然比直接请求服务器端要快得多。

一般来说，L2 节点覆盖的地理范围会更大，但是具体的缓存实现和分布则视不同的 CDN 服务商而不同。

总而言之，如果可以在边缘节点找到缓存，那么边缘节点就会直接把缓存的内容返回给用户，这也是 CDN 往往非常快的原因。当 L1/L2 都没有命中缓存时，CDN 不得不回源到服务器来获取真正的内容。

回源

回源是指 CDN 向真正提供服务的集群获取内容的过程。我们常常会说"把一个文件发布到 CDN 上"。但实际上，CDN 是不提供任何文件存储服务的，不能把一个文件直接"放"在 CDN 上。

真正的文件内容托管在源站服务器上。源站服务器与普通的服务器并没有什么不同，只是一般源站服务器不直接为用户提供服务，而是作为 CDN 回源时请求的对象。

当用户解析出 CDN 的节点 IP 地址，请求文件又没有在 CDN 上得到缓存时，CDN 会向源站服务器发出这个文件的请求，这个动作称为回源。

得到源站的响应后，CDN 把文件的内容返回给用户，同时按照缓存策略在 CDN 侧进行缓存。

缓存策略

CDN 的缓存策略在默认情况下和浏览器的非常相似，但是二者存在一些差异。

第 11 章介绍了浏览器的缓存策略，与其说是浏览器的缓存，不如说是 HTTP 协议对于客户端的缓存协议规范。而 CDN 在 HTTP 协议的定义中更像是代理（Proxy），它和浏览器在缓存策略上的差异主要也来源于此。

Vary Header

Vary Header 是一个容易被忽略的 Request Header，用于告知 CDN 哪些 Header 应该作为区分缓存的依据。

之所以需要这样的一个 Header，是因为对于浏览器来说，缓存总是为单个用户、单个客户端消费的，而对 CDN 则不然，可能大量的用户会消费同一份 CDN 缓存，但为这些用户提供的内容未必总是相同的。例如，当提供一份多语言内容时，就可能期望同一个 URL 能够根据不同的用户语言返回不同语言版本的内容。

而在 HTTP Request Header 中，Accept-Language 往往包含客户端期望的自然语言。这个时候采用如下形式就能告知 CDN 将 Accept-Language 用来区分不同请求之间的缓存，避免把缓存错误地交付到用户。

```
Vary: Accept-Language
```

特殊的 Vary Header 平时并不多见，最常见的 Vary Header 就是 Accept-Encoding，用于

告知服务器端自己能够接受哪些传输压缩格式（br 压缩、gzip 压缩等）。

如果把不同的 Accept Encoding 请求当作同样的请求进行缓存会发生什么？当使用支持 br 压缩的现代浏览器访问 CDN 时，CDN 会保留一份缓存用于将来的请求。

此时当另一个使用老版本不支持 br 压缩的浏览器访问 CDN 时，虽然已经在自己的 Accept Encoding 中声明了仅支持 gzip 压缩，但 CDN 仍然把 br 压缩的缓存返回给用户，老版本的浏览器就无法识别得到的响应。

s-maxage

在 HTTP 协议中，控制缓存的头是 cache-control，可以用 max-age=30 来告知浏览器缓存内容可以被缓存 30s。而 CDN 同样会遵循这个标准在 CDN 侧进行缓存。CDN 侧和客户端侧的缓存失效时间相互是不知情的，所以在时间最长的情况下，有可能在 CDN 侧缓存 30s 即将失效时正好被客户端缓存 30s，最后相当于最长缓存时长可能达到 60s。

其实，cache-control 中还可以使用 s-maxage=3600 来告知 CDN 在 CDN 侧的缓存策略中用这个逻辑覆盖 max-age，即在 CDN 上缓存 3600s，而在客户端上缓存 30s。

需要注意的是，并非所有的 CDN 服务商都支持 s-maxage，部分 CDN 服务商并不遵循这个协议，在使用这个协议前最好提前确认使用的服务商是否能够支持。

20.2 如何提升缓存命中率

CDN 可以在离用户最近的节点上直接把缓存响应给用户，从而达到最高的性能。当无法在 L1/L2 找到可用的缓存时，即未命中缓存，CDN 就需要回源到源站服务器来获取内容再返回给用户。这意味着在访问命中 CDN 缓存时的性能比未命中 CDN 缓存时的高很多，提高资源访问的 CDN 缓存命中率就可以直接提高资源访问的性能。

如何在端侧统计缓存命中的情况

和性能优化一样，要提高缓存命中率需要先度量缓存命中率。CDN 服务商一般会在控制台上提供 CDN 请求命中率的统计，但在大部分情况下都是进行宏观统计（针对整个域名等）。在实际生产实践中，端侧针对具体请求的缓存命中情况进行统计能够更加精准地分析 CDN 在实际应用中的命中率和性能。

在端侧统计 CDN 的命中情况并不总是可行的，需要能够获得 Response Header，而在直接加载资源的情况下通常是得不到 Header 的，只有一些 API 请求（通过 fetch，或者客户端的请求接口）可以做到。

对于大部分 CDN 服务商来说，可以认为如果 Response Header 中的 age > 0 则表示命中缓存，如果 age 不存在或等于 0 则表示未命中缓存。age 这个 Header 一般用于表示缓存到目前生存了多少秒，但也有一些 CDN 服务商并不完全遵循这个规则，可能会简单地把 age = 1 作为命中缓存。

总之，具体到实际生产应用中，需要确认使用的 CDN 服务商是否使用 age 作为缓存是否命中的标识，有些 CDN 服务商会使用其非标准 Header。例如，Amazon CloudFront 除了会在返回头中添加 age 表示缓存时间，还有一个非标准的 Header，即 x-cache，分别用 Hit from cloudfront 和 Miss from cloudfront 来表示命中缓存和未命中缓存。

需要注意的是，在命中本地浏览器缓存的情况下，Response Header 中的 age 也会大于 0。

在端侧统计 CDN 的缓存命中情况和命中/未命中的性能后，就能了解到当前的缓存命中率和性能的关系，以及是否符合我们的预期。一般来说，对于长期缓存的静态资源来说，CDN 的缓存命中率应该保持在 95% 以上。

那么，当 CDN 的缓存命中率并不符合我们的预期时，应该如何提高命中率？

减少缓存分裂

既然要提高缓存命中率，就希望缓存尽可能被有效复用，而 CDN 判断一份缓存是否能复用是有一些依据的。例如，当用户请求[https://our-cdn/jquery.js]（https://our-cdn/jquery.js%60）后，默认在[https://our-cdn/jquery.js?t=1]（https://our-cdn/jquery.js?t =1%60）时 CDN 会认为这两个请求并不能消费同一份缓存，因为 URL 不同。

同样，之前提到的 Vary Header 如果设置不当，也会让 CDN 产生多份不同的缓存内容。所以，需要使用一些策略来减少这种版本分裂。

缓存忽略动态参数

既然 CDN 在默认情况下并不能区分 query 不同的 URL 是否是同一个 URL，就要避免在需要缓存的资源 URL 上添加不必要的动态参数。

但是在有些场景下，无法控制引用的地方不添加参数，大部分 CDN 服务商也都提供了在缓存时忽略 query 参数的功能，有些在 CDN 服务商的控制台上就可以配置，有些则需要

CDN 服务商的技术人员提供相关的支持。

例如，为了避免通过追求 t=${Date.now()} 的方式击穿 CDN 缓存，jsDelivr 在缓存中忽略了所有 URL 参数。

归一化 Vary Header

20.1 节介绍了 Vary Header 在 CDN 缓存中的含义，有时候需要使用这个功能来避免缓存被错误消费，但是这种方式必然会导致原先的一份缓存变成多份。

Vary Header 的功能是比较局限的，只能指定依据 Request Header 中的 Header 判断缓存是否是同一份。如果需要的 Header 相对是比较固定的情况还好，如 Accept Encoding Header，最糟糕的情况可能是让一份缓存变成几份缓存。

但是如果需要依赖的 Request Header 存在很多值就比较麻烦。例如，在一个典型的 WEEX 场景中，通常期望不同的容器在请求同一个 URL 时能返回不同的结果：当浏览器请求时返回 HTML，当支持 WEEX 的容器请求时返回 JavaScript。

这种支持是通过区分 User-Agent 实现的，而不同浏览器，乃至同一个浏览器的不同版本之前存在太多不同的 User-Agent，如果直接把 Vary Header 设置成 User-Agent，那么大部分用户几乎都无法享受同一份缓存，即使他们访问的内容其实是一样的。

在这种情况下，可行的方案有两个。

（1）找 CDN 服务商提供支持，在 CDN 侧把大量的 User-Agent 通过脚本逻辑转化为两种结果。大部分厂商可能只能通过技术支持服务来提供这种功能，或者部分支持边缘计算的厂商也可以自己实现。

（2）避免通过 User-Agent 这样存在大量分裂的 Request Header 作为 Vary Header，尽可能选择可以被穷举的 Request Header。例如，可以要求容器的请求方带一个自定义的 Request Header，即 x-weex-client: true，这样 Vary Header 直接选取 x-weex-client 作为缓存依据即可。

长效缓存

20.1 节提到，大部分 CDN 服务商都支持为 CDN 设置额外的缓存时间（可以采用 s-maxage 方式或手动配置方式），这也为提高 CDN 侧的缓存命中率提供了很大的空间。

之所以需要为缓存设置缓存失效时间，是因为很多内容本身具有一定的时效性。例如，当一个随时可能发布更新的内容，我们肯定不希望用户只要访问过一次，以后看到的都是老版本，这个时候就需要在尽可能利用缓存和尽可能保持更新之间进行权衡。

一般来说，在生产环境中，所有可能会发布更新的内容都无法忍受过长的缓存时间，因为随时可能有一些影响线上稳定的问题需要做出紧急变更。在这种情况下，几分钟可能是可以接受的，但是几个小时乃至几天的缓存时间就让人无法接受。

CDN 的缓存相比客户端其实存在一定的特殊性。缓存一旦到达客户端（Web 场景其实就是浏览器端），除非有特殊的方案，如通过某份配置控制本地缓存失效，否则在缓存失效前，这份缓存就很难被替换。但从本质上来说，CDN 属于服务器端，大部分 CDN 服务商都支持手动清除当前已经缓存的文件内容，以及提供相应的 API。

既然 CDN 侧的缓存是可以被清除的，就可以单独在 CDN 侧设置更长时间的缓存，并在内容发生变更（如发布更新）时通过 API 自动触发 CDN 侧缓存的失效，让其在下次收到客户端请求时回源获取最新的内容。采用这样的方式，就可以在不损失缓存的时效性的前提下大幅度提高 CDN 侧的缓存命中率。

20.3 动态加速

由 CDN 原理可以看出，CDN 之所以能够起到加速的作用，是因为它可以把要分发的内容缓存在离用户物理距离最接近的边缘节点。按照这种思路，只有可以被缓存的内容才能被 CDN 加速，由于动态内容（如返回数据会改变的 API）不能被缓存，因此用户每次请求 CDN 节点时都必须再回源到源站服务器才能获取到内容，这反而会导致用户请求的时间变得更长。

为了解决这些动态内容的加速问题，CDN 服务商提供了动态加速方案。虽然用户在访问动态内容时无法直接从 CDN 的边缘节点获取缓存好的数据，但 CDN 仍然可以智能地选择最佳的路由进行回源。CDN 节点之间往往拥有更好的网络传输线路，在传输路径较远的情况下，CDN 选择回源路由比用户直接访问源站服务器更快，这种技术称为动态加速。

把静态加速和动态加速相结合，在用户访问静态内容时返回缓存的结果，在用户访问动态内容时使用动态加速进行快速回源的方式，也被一些 CDN 服务商称为全站加速或 DCDN（Dynamic Route for Content Delivery Network）。

动态加速使静态资源可以托管在 CDN 上，整个网站的动态内容和静态内容都可以托管在 CDN 上，当用户访问任何内容时都是先请求 CDN，再由 CDN 回源到源站服务器。因此，很多原先无法实现的优化现在都可以通过 CDN 轻松实现，本节着重介绍在动态加速功能的基础上，CDN 可以为网站性能带来哪些优化。

海外加速

动态加速的一个典型使用场景是海外加速。如果用户遍布全球各个国家，服务器只部署在一两个主要国家，那么采用动态加速进行海外加速就是一个合理的选择。让用户跨国直接访问源站往往会面临较高的延迟和丢包率，而采用 CDN 的动态加速，会优先访问就近的 CDN 节点，并由 CDN 规划走合适的路线进行回源。

连接复用

动态加速技术除通过调整回源路径来提高性能外，由于用户的请求往往会被集中到 CDN 节点上，因此 CDN 节点和源站服务器之间的通信可以在更大程度上复用 TCP 连接。

当用户发起请求时，可以以很快的速度和 CDN 节点建立连接，而 CDN 节点可以尽可能复用已经存在的和源站服务器之间的连接，如图 20-1 所示。这样不仅减少了请求的耗时，还减少了服务器端维持 TCP 连接消耗的资源。关于连接复用的耗时，可以参考 7.1 节。

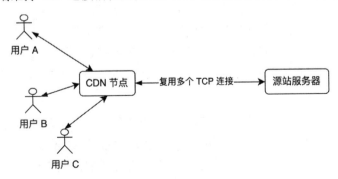

图 20-1　CDN 节点可以复用回源的连接

客户端连接复用

和 CDN 侧的连接复用不同，动态加速可以进一步减少浏览器端需要的 TCP 连接数。即使是不同域名的资源，只要是同一个 IP 地址，浏览器端就可以复用连接，而不需要新建连接。

对于一个 https://example.com 的站点来说，假设托管主站的域名 https://example.com 和托管静态资源的域名 https://cdn.example.com 在同一个 CDN 背后，它们完全可以使用相同的连接，这样用户在访问页面和加载静态资源的过程中就不需要建立新的连接。当然，如果更进一步，由于 https://example.com 现在已经是一个支持静态缓存的 CDN 域名，因此直接使用该域名同时托管主站和静态资源也是可行的，这样还可以节省 DNS 成本。

HTTPS 优化

由于 CDN 在动态加速时用户访问的是 CDN 节点，TLS 握手等是由用户机器和 CDN 节点进行的，而不是由用户机器和源站服务器进行的。大部分 CDN 服务商都提供针对 HTTPS 的优化手段，如 TLS False Start、OSCP Stapling 等，而 CDN 节点回源到源站服务器的过程一般直接采用 HTTP 的方式。

动静分离

虽然动态加速从理论上来说适用于任何网络请求的加速，但是由于每次都需要回源，因此对于静态资源或可缓存的接口，动态加速的效果远远不如静态缓存的效果。因此，大部分 CDN 服务商在提供动态加速功能时也会支持动静分离，即针对不可缓存的动态接口使用动态加速，针对可以缓存的接口或静态资源使用静态缓存加速。

一般来说，使用 CDN 判断动静分离的方式有以下几种。

- 根据缓存时间识别：这是大部分 CDN 服务商默认采用的方式，根据配置的缓存时间或服务器端在 Response Header 中返回的缓存时间来判断是否适合使用动态加速。有缓存的使用静态加速，无缓存的使用动态加速。
- 根据拓展名识别：根据拓展名识别静态资源使用静态加速，如图片（PNG、GIF、WEBP、JPG）、文档（PDF、DOC、DOCX、XLS、XLSX、PPT、PPTX）、视频（MP4、MP3）等，剩余的都使用动态加速。
- 根据路径区分：部分厂商也支持根据路径来设置不同的加速方式，如/api/dynamic/使用动态加速，/api/static/使用静态加速。

合理地设置动静分离可以最大限度地提高 CDN 带来的性能增益，同时在 CDN 节点使用静态加速缓存可以被缓存的资源而不是全部使用动态加速，也可以最大限度地缓解请求回源对服务器端造成的压力。

压缩

第 17 章提及，构建工具可以减小资源的体积，而 CDN 在提供全站加速功能的同时一般也会顺便提供相关的优化工具，如针对 CSS 文件、JavaScript 文件等的压缩，以及去除 HTML 文件中的空格和注释等。当然，CDN 无法完全取代静态构建工具，因为很多构建优化不是压缩这么简单。

CDN 也会提供传输压缩功能。值得注意的是，br 压缩会消耗更多的 CPU 资源和时间，所以大部分 CDN 服务商在提供这个功能时会有选择性地开启，如针对热点资源或静态资源使用 br 压缩，针对实时传输使用 gzip 压缩，这和前面介绍的方法不谋而合。

在一般情况下，如果开启了 CDN 的传输压缩能力，就没有必要在源站服务器进行压缩（在大部分情况下，CDN 的回源请求不指定压缩方式）。因为解压缩是存在成本的，如果 CDN 得到的是压缩后的结果，出于性能方面的考虑往往会放弃解压缩、去除空格等动作，而是直接把源站服务器返回的结果返回给用户。

什么场景适合使用动态加速

和静态加速不同，并不是所有业务场景都适合使用动态加速来获得更好的性能。由于动态加速本身的原理是通过优化回源的路由实现的，因此在网络环境并不复杂或用户离源站服务器本身就足够近的情况下，很难发挥很好的效果，甚至有可能比直接回源更慢。

一般来说，在用户分布较广（如全球各地都有用户）、网络情况复杂（如部分国家或地区的网络情况比较差）的情况下，更适合使用动态加速来改进性能。

20.4 自动 polyfill

前面介绍了 CDN 的回源原理、缓存控制和 Vary Header 的工作机制，本节介绍一个灵活运用这些内容的典型案例，即 Polyfill.io。

什么是 polyfill

随着浏览器特性的快速推进，不断有新的 JavaScript 和 CSS 特性被支持，但浏览器的支持和升级需要相当长的时间。下面以 Object.values 方法为例介绍其兼容性，如图 20-2 所示。

仍有 5%左右的用户不支持 Object.values 方法。

polyfill 正是指用于解决这类问题的，可以用一段 JavaScript 代码来实现标准的特性。例如，针对 Object.values 方法，可以在检测到浏览器不支持的情况下使用 JavaScript 代码来实现这个方法。

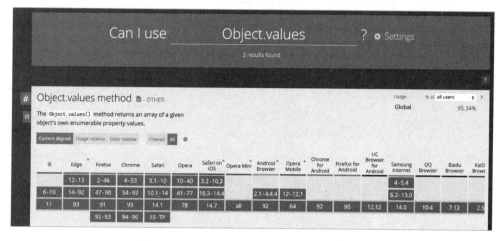

图 20-2　Object.values 方法的浏览器支持状况

和 polyfill 相似的概念还有 shim。shim 一般不完全和标准相同，但对于开发人员的使用是有感知的；而 polyfill 则是完全按照标准实现，使用起来是无感知的。

polyfill 对于已经支持这些新特性的浏览器不会生效，但可以迅速把新特性应用在没有支持的浏览器中，但即使如此，使用 polyfill 仍然是有负担的。为了支持这 5%左右的用户，需要让全部的用户加载完整的 polyfill 代码，需要支持到的浏览器的版本越老，需要加载的 polyfill 代码就越大。

虽然 Babel 插件支持根据特性的使用决定引入哪些 polyfill，但是对于现代浏览器用来说，这些代码仍然是不必要的，因为它们本就支持这些特性。Polyfill.io 就是用于解决这种问题的。

Polyfill.io

Polyfill.io 根据浏览器的需要返回 polyfill 的服务。

例如，当在最新版的 Chrome 中请求 https://polyfill.io/v3/polyfill.js?features=es2015 时，得到的响应基本是一个空文件，如图 20-3 所示。

当用 Safari Version 14.1.1 请求时，会发现里面的内容包括 RegExp.prototype.flags 相关

的一些 polyfill，如图 20-4 所示。

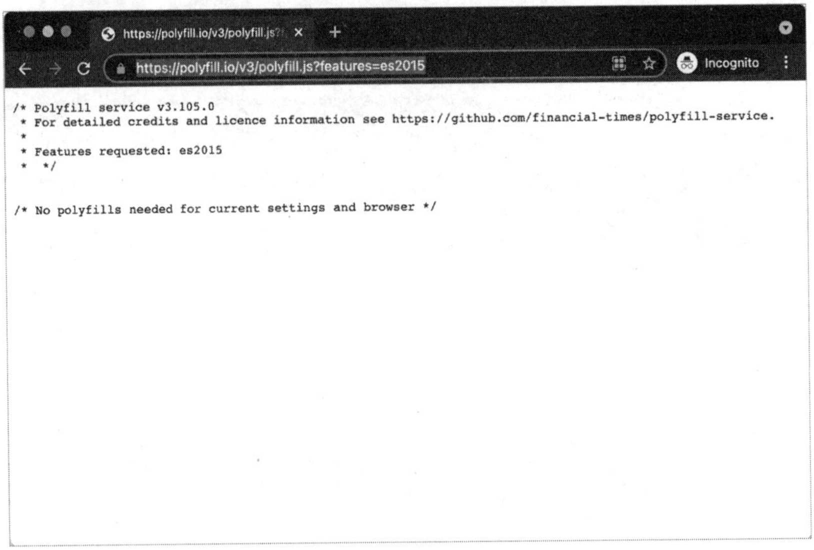

图 20-3　得到的空文件

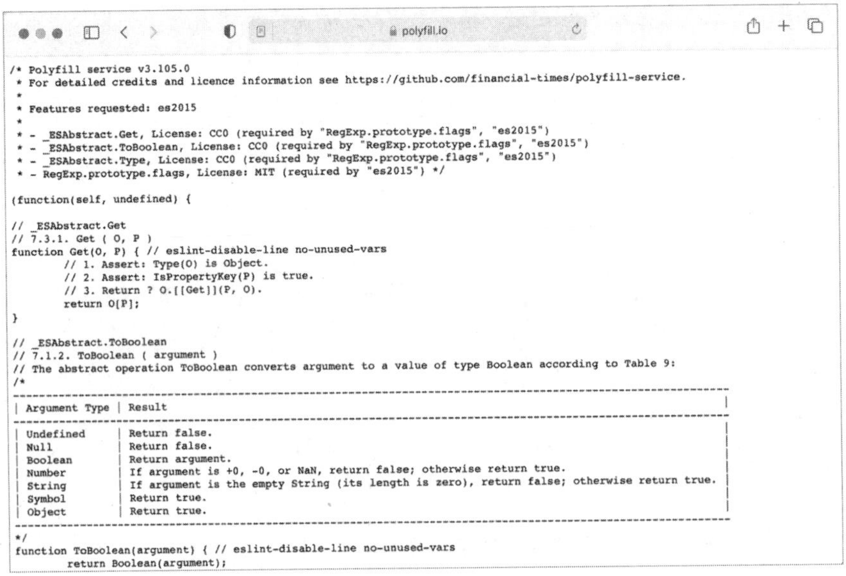

图 20-4　得到的内容中包括 RegExp.prototype.flags

这是因为对于 es21 这个功能集合，新版本的 Chrome 完全不需要 polyfill，而 Safari 缺失 RegExp.prototype.flags。

实现原理

其实，Polyfill.io 的实现原理并不难理解，服务器端判断请求端浏览器的主要依据只是 Request Header 中的 User-Agent 字段，匹配是否需要对应特性的 polyfill 即可。

如果需要把文件缓存到 CDN 侧，那么需要考虑到不同浏览器需要的 polyfill 不同而进行区分缓存，也就是需要在 Vary Header 中设置 User-Agent。可以在 Polyfill.io 的响应中看到 Vary Header 的设置，如图 20-5 所示。

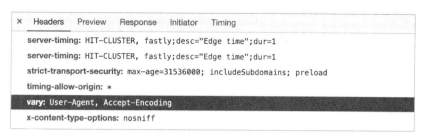

图 20-5　Vary Header

但是其实这么做也会带来问题，由于 User-Agent 实际上是非常分散的，用户可能会使用不同版本的操作系统、不同的浏览器，因此会产生上千个不同的 User-Agent。这意味着大部分 JavaScript 文件托管的缓存几乎都是一份，而按照 User-Agent 区分缓存可能有上千份，这可能会导致请求 CDN 命中率变得很低。

20.2 节介绍过 CDN 命中率低、频繁回源给性能带来的影响，在这个场景下可能还要严重一些，因为 polyfill 仍然是根据 UA 动态组装—拼接—最小化之后返回的，如果这个逻辑的缓存机制设计得不佳，回源耗时会远远超过一般的静态文件托管服务。为了提高缓存的命中率，需要把 User-Agent 进行归一化，例如把

```
Mozilla/5.0 (iPhone; CPU iPhone OS 13_2_3 like Mac OS X) AppleWebKit/605.1.15
(KHTML, like Gecko) Version/13.0.3 Mobile/15E148 Safari/604.1
```

归一化到如下代码中。

```
ios_saf/11.0.0
```

这样可以减少 User-Agent 不同造成的缓存版本分裂。而这样的归一化逻辑并不能通过 Vary Header 简单实现，需要能够在 CDN 上进行一些逻辑处理，这就是边缘计算的功能。

20.5　边缘计算和性能

边缘计算，通俗来说就是把原来只能在服务器端运行的计算、存储等前移到用户附近进行快速响应，而 CDN 服务商的边缘计算应用走在时代的前列，因为 CDN 天然具有边缘节点这种大量且在物理距离上接近用户的资源。

CDN 其实是通过大量离用户更近的边缘节点提供服务的，通过把静态资源缓存在边缘节点上达到更快的传输速度。那么有没有可能把执行逻辑也放在边缘节点由它们在用户附近直接完成计算并且响应？这种在 CDN 节点上部署计算能力的功能就是边缘计算的一种应用，目前很多 CDN 服务商已经支持类似的能力。例如，Cloudflare 的 Cloudflare Workers、Akamai 的 Edge Workers 等。

边缘计算和性能的联系是什么呢？20.4 节提到，我们期望先在 CDN 侧直接对 User-Agent 进行归一化，然后判断用户是否能够命中缓存。这样把判断缓存的逻辑前移正是边缘计算在性能上的一个应用。

本节会以几个例子来介绍利用边缘计算可以做哪些事情，以及如何提升 Web 性能。

边缘计算是一个相对宽泛的概念。利用 CDN 边缘节点的边缘计算只是其中一个方面的应用，除此之外还有诸如利用物联网设备节点等进行边缘计算的方案，本节主要讨论 CDN 的边缘计算应用及其对性能的影响。

CDN 的可编程功能

前面介绍了 CDN 提供的各种标准化功能，如静态缓存、传输压缩、资源优化等。从使用者的角度来看，有时候我们其实期望 CDN 节点能具有更多业务定制化的功能，并且由于 CDN 边缘节点的特性（离用户最近），因此这种定制功能在性能方面可以为我们提供非常多的帮助。

20.4 节提及，把 User-Agent 进行归一化后作为一个自定义的 Cache Key，这就是一个很好的例子。如果用传统方案在服务器端对 User-Agent 进行归一化处理，那么用户在边缘节点的缓存命中率就会因为缓存碎片化的问题而处于非常低的水平，最终拖累性能。

CDN 服务商为了满足这类需求，提供了针对 CDN 节点的可编程功能。通过代码控制 CDN 节点在接收请求时的行为，如修改 Request Header、响应内容、修改回源地址、修改响应内容等。

由于不同的 CDN 服务商对于可编程功能的实现不同，当下也并没有统一的标准，因此它们的支持方式可能存在比较大的差异，如部分 CDN 服务商采用 JavaScript 作为编程语言，部分 CDN 服务商采用的是自己定义的 DSL。本节以相对贴近标准的 Cloudflare Workers 为例展开介绍，Cloudflare Workers 采用 JavaScript 作为编程语言，同时在 API 上贴近 Web Worker 的标准。

虽然不同的 CDN 服务商的方案存在差异，但对于开发人员来说使用思路是大同小异的，只是编码实现不同。

Hello World

下面以 Hello World 为例介绍 Cloudflare Workers 的基础使用方式。

```
const html = `<!DOCTYPE html>
<body>
  <h1>Hello World</h1>
</body>`;

const options = {
   headers: {
     "content-type": "text/html;charset=UTF-8",
   },
};

addEventListener("fetch", event => {
  return event.respondWith(new Response(html, options));
})
```

当用户访问时 CDN 节点时就会直接返回 Hello World 的页面，没有任何回源请求。可以看到，Cloudflare Workers 的 API 和 ServiceWorker 基本上是一致的，都是通过 addEventListener 来注册响应事件的。

自定义 Cache Key

在 Cloudflare Workers 中同样可以使用 Cache API，这样对 User-Agent 进行归一化处理后，作为一个自定义的 Cache Key 调用 cache.match。Cache API 的背后不再是访问的浏览器缓存，而是访问的 Cloudflare CDN 节点的缓存。

由于 API 和 ServiceWorker 接近，因此同样功能的编码几乎完全一致，这里不再赘述，读者可以参考 15.2 节的内容。

前置重定向

8.3 节介绍了重定向对性能的影响，有些场景的重定向是无法避免的，可以把重定向的逻辑前置到 CDN 节点上。

```
addEventListener("fetch", event => {
  event.respondWith(Response.redirect('https://example.com', 301));
})
```

这样做的好处是，当用户第一次访问时，不需要回源到源站服务器就可以直接重定向到目标地址，如图 20-6 所示。

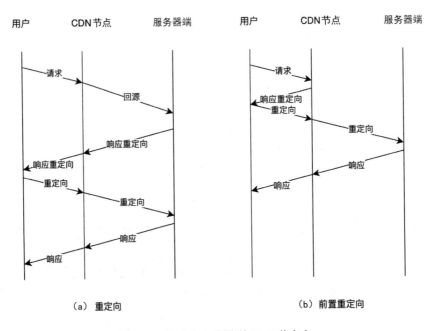

图 20-6　将重定向前置到 CDN 节点上

流式渲染

采用流式渲染可以尽快让浏览器开始渲染内容，而在有了 CDN 的可编程功能后，这个做法就变得更加有想象力。因为 CDN 节点离用户是最近的，所以可以在用户访问的第一时间就返回 chunk 开始让用户浏览器加载和渲染内容。

对于可以缓存的页面并没有流式渲染的必要，CDN 可以直接返回缓存的内容；而对于不可以缓存的页面，可以通过在 HTML 中定义可以缓存的部分和不可以缓存的部分，当用户访问页面时直接返回可以缓存的部分。这样浏览器可以很早开始展示一部分内容并加载 JavaScript、CSS 等资源，如图 20-7 所示。

CDN 可编程为实现类似的机制提供了可能性，可以在 CDN 侧实现对动态内容、静态内容的分离和缓存，并且在有静态缓存的情况下只需要回源请求剩余的动态内容。由于具体的实现和业务逻辑有一定的关系，因此这里只是介绍一下思路，并不是一个完整的实现。可编程的意义也正在于此，即使一种功能没有被标准化和广泛实现，开发人员也可以结合业务场景的实际需求自行实现对应的逻辑。

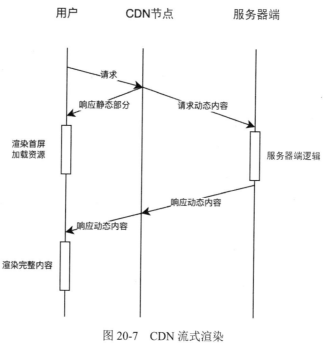

图 20-7　CDN 流式渲染

20.6　小结

本章介绍了 CDN 和性能的联系。CDN 不仅仅是托管静态资源的地方，还是具有分布各地、靠近用户的边缘节点的网络服务。基于这些边缘节点，CDN 不但可以把静态内容缓存在用户附近，而且可以针对动态内容进行回源加速，并且一些 CDN 服务商也做了很多优化，如静态资源的压缩、OSCP Stapling 等。

理解 CDN 的这些功能对于开发人员来说也格外重要，理解了缓存机制是 CDN 静态加速的根本，就可以知道静态加速的效果在很大程度上取决于缓存的命中率，而缓存命中率又和缓存规则、Cache Key 等相关。

边缘计算等更加强大、灵活的功能，使开发人员能在 CDN 上实现自动 polyfill、前置重定向、流式渲染等和业务场景联系更紧密的优化方案。